科普热点

动力无限

——新能源的崛起

黄明哲 主编

中国科学技术出版社

·北京·

图书在版编目（CIP）数据

动力无限：新能源的崛起/黄明哲主编.－－北京：中国科学技术出版社，2014.8（2019.9重印）

（科普热点）

ISBN 978-7-5046-5752-7

Ⅰ.①动… Ⅱ.①黄… Ⅲ.①能源－新技术－普及读物

Ⅳ.①TK01-49

中国版本图书馆CIP数据核字（2011）第005491号

中国科学技术出版社出版

北京市海淀区中关村南大街16号　邮政编码：100081

电话：010-62173865　传真：010-62173081

http://www.cspbooks.com.cn

中国科学技术出版社有限公司发行部发行

莱芜市凤城印务有限公司印刷

＊

开本：700毫米×1000毫米　1/16　印张：10　字数：200千字

2014年8月第1版　2019年9月第3次印刷

ISBN 978-7-5046-5752-7/TK·14

印数：10001—30000册　定价：29.90元

前　言

科学是理想的灯塔!

她是好奇的孩子，飞上了月亮，又飞向火星；观测了银河，还要观测宇宙的边际。

她是智慧的母亲，挺身抗击灾害，究极天地自然，检测地震海啸，防患于未然。

她是伟大的造梦师，在大银幕上排山倒海、星际大战，让古老的魔杖幻化耀眼的光芒……

科学助推心智的成长!

电脑延伸大脑，网络提升生活，人类正走向虚拟生存。

进化路漫漫，基因中微小的差异，化作生命形态的千差万别，我们都是幸运儿。

穿越时空，科学使木乃伊说出了千年前的故事，寻找恐龙的后裔，复原珍贵的文物，重现失落的文明。

科学与人文联手，人类变得更加睿智，与自然和谐，走向可持续发展……

《科普热点》丛书全面展示宇宙、航天、网络、影视、基因、考古等最新科技进展，邀您驶入实现理想的快车道，畅享心智成长的科学之旅!

作　者

2012年3月

目录

第一篇
危中求变
——能源世界的革命

清洁能源的崛起

世纪之交，人类面临能源危机和环境恶化的双重巨大压力，人类对全世界的能源必须进行一场大规模的技术革命。

能源世界正在进行一场革命

太阳能是最洁净、最具有吸引力的替代能源。广泛使用太阳能的关键，在于提高太阳能的转换效率，降低成本。

传统的能源体系是以石油为骨干、以煤炭为基础，现在，它必须逐步向清洁且储量丰富的核能、太阳能、风能、地热能、海洋能、氢能、生物质能等新型综合能源体系过渡。而随着清洁能源的崛起，人类就可望从根本上解决能源危机和环境危机了。

人们期待着核能研究取得重大进展。世界上几十个国家已建成和正在建设的核电站有近500座，核能发电量可以满足世界电力需求的20%左右。核能开发已成为世界各国21世纪能源战略的发展重点。尽管发生了苏联切尔诺贝利核电站事故和2011年日本福岛核电站事故，一些公众和舆论界对核能有所抵制，但发展核电是大势所趋，不可逆转。

太阳能开发不断深化。据天文学家的研究结果表明，太阳的寿命已有几十亿年了。太阳表面温度高达6000℃，中心温度高达1500万~2000万摄氏度，数十亿年来一直不停歇地向太空辐射着巨量的光和

▼ 太阳能是最洁净最具有吸引力的替代能源

动力无限——新能源的崛起

　　人类的发展是无止境的，推陈出新是一切事物发展的普遍规律。人类经济发展的动力也不能例外，开发新型能源无疑已成为全球能源发展的趋向，这也是人类生存发展的必然选择。

热。太阳内部不停地进行着核聚变反应。可以说，太阳就是一个巨大无比的核聚变反应堆。太阳主要由最轻的元素——氢构成的。在太阳的中心部位存在着大量氢的同位素氘和氚，太阳内部的高温、高压环境，就好比是一个庞大的热核反应堆，氘和氚不断地发生核聚变反应，不断地生成新元素氦，同时释放出大量的光和热。新生成的氦又移动到太阳的外层，进一步进行核聚变，又释放出光和热。太阳就这样一层一层地反复发生核聚变，永不停息地释放出大量能量。目前，人们正在设想通过受控核聚变以1升海水代替300升汽油，此项工作还处于研究开发阶段。美国最近推出的新型太阳能接收器，热能转换率高达90%，如果批量生产的话，就有可能将成本降低到常人可以接受的程度。

　　风能的开发有了新的突破。风能是一种自然能源，太阳辐射到地球上的热量约有2%被转换为风能，相当于10800亿吨煤的蕴藏量。在利用风能方面，丹麦一直居世界领先地位，在2005年，丹麦的风力发电量估计已经达到1200兆瓦。

　　地热能的应用进一步扩展。地热能的利用范围已经从沐浴供热迅速扩展，应用于发电技术。日本的"阳光计划"，对地热能源的开发寄予厚望，其地热高温热水发电站是设想中利用地热能的主要形式。

　　海洋能开发的前景诱人。辽阔的海洋蕴藏着极为丰富的可再生能源。永不停息的波浪、潮汐、海流、海水温差能和海水压力能，都能向人们贡献出巨大的能量。

　　其他替代能源，如氢能、甲醇、生物质能，大部分正处于基础研究阶段，争取在21世纪逐步登上能源舞台，大显身手。

▼ 丹麦在风能利用方面居于世界领先地位

走进复合能源时代

——未来能源发展的六大特征

随着世界经济的发展，虽然能源问题将会日益突出，但人类一定会找到解决危机的可行性措施。 一个充满光明的"复合能源时代"，正向我们走来。

核能将有较大幅度的发展

中国大陆的核电起步较晚，20 世纪 80 年代才动工兴建核电站。其中大亚湾核电站于 1987 年开工，于 1994 年全部并网发电。

21世纪会是一个怎样的世纪呢？人们有着种种预测。但无可怀疑的是，未来的世纪将是一个"能源时代"，而且还是一个"复合能源时代"。未来10年，世界能源的发展将呈现出六大特征。

一是以化石燃料为主体的世界初级能源消费结构仍不会发生根本性变化，油、煤、气的消耗比重基本持平；石油产销关系略有变化，随着新能源的开发，可能使油耗量有所降低，但不会出现大比例变动。

二是核能将有较大幅度的发展。在1945年之前,人类在能源利用领域只涉及物理变化和化学变化。在第二次世界大战时,原子弹诞生了。人类开始将核能运用于军事、能源、工业、航天等领

▼ 风能技术将有新的发展

动力无限——新能源的崛起

21世纪能源技术的研究开发课题将是多种多样的，实际上，是当今世界已经发展的新能源技术都将被列入研究之列，以形成多种能源互补，初级能源、二次能源共用，传统能源逐步退居二线，新能源技术加速发展的世纪格局。

域。美国、俄罗斯、英国、法国、中国、日本、以色列等国相继展开对核能应用前景的研究。尽管仍有部分反核情绪，但事实证明理由不足，核能的开发应用将进一步得到发展；各种新型、安全系数大的反应堆将迅速增多，核裂变技术将有更大突破，"快堆"将风行于世。

1954年，苏联建成世界上第一座装机容量为5兆瓦（电）的核电站。英、美等国也相继建成各种类型的核电站。此后各国再接再厉，到1960年，有5个国家建成20座核电站，装机容量1279兆瓦（电）。由于核浓缩技术的发展，到1966年，核能发电的成本已低于火力发电的成本。核能发电真正迈入实用阶段。1978年，全世界22个国家和地区投入运行的30兆瓦（电）以上的核电站反应堆已达200多座，总装机容量已达107776兆瓦（电）。20世纪80年代核能发电的进展更快。到1991年，全世界近30个国家和地区建成的核电机组为423套，总容量为327500兆瓦，核电发电量占全世界总发电量的16%。

三是核聚变研究的巨大进展，将为人类提供最佳能源的选择对象；核聚变基本燃料——氘海水提取技术将会突飞猛进；"人造太阳"的三要素——超高温、超高离子密度和宝贵的2秒钟约束时间，这三大技术将获得突破性进展，使核聚变逐步进入实用阶段。

四是广泛开发新能源，充分利用无污染的替

▼ 在能源消费中保护生态平衡将成为全人类的重大课题

代燃料，实现能源多样化；除核能以外的太阳能、水能、风能、海洋能、地热能、生物质能和氢能，都将在技术上有新的发展，在试用范围上将会大大扩展。

五是能源消耗模式将发生重大变革，节能技术将进一步发展，能源利用率将获得大幅度提高；21世纪的节能技术在全球科学家历经30年努力的基础上，必将有长足进步。

六是能源消费和保护生态平衡更加紧密相关，能源消费对环境污染的破坏作用已引起更多公众的重视，改进矿物能源的传统使用模式，切实保护生态平衡，将进一步成为全人类的重大课题。

第二篇
寻找替代品
——能源舞台的新面孔

神奇的集热器

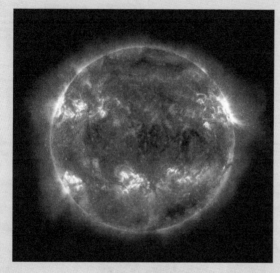

太阳是一个炽热的气体球，蕴藏着无比巨大的能量。地球上除了地热能和核能以外，所有能源都来源于太阳能，太阳能是人类的"能源之母"。没有太阳能，就没有人类的一切。

太阳不断向宇宙空间辐射能量

太阳内部不断地进行着热核聚变反应，犹如连续发生氢弹爆炸一样，产生巨大能量。这种能量之大令人咋舌。仅仅1克的氘和氚发生核聚变生成氦所产生的能量，就可以带动一台40马力的发动机连续运转一年！科学家们估算，整个太阳在短短1秒钟

太阳不断地向四面八方的宇宙空间辐射能量，到达地球上的光和热不过是辐射总能量的二十二亿分之一，即便如此，地球每秒钟也能接收到173万亿千瓦的能量。这个数字相当于目前全世界能源总消费量的几万倍。不可想象的是，这不过是太阳在极为短暂的1秒内释放出的！辐射到地球表面的太阳能巨大，但广泛而分散。要充分收集并使之发挥热能效益，就要借助于聚光器装置。目前，聚光器装置有平板型集热器和抛物面型反射聚光器。

集热器的功能，首要的问题是有效地吸收太阳

能而又不向外扩散。要达到这个目的,除了要把集热器表面涂成黑色外,关键就是尽力提高反射镜的反射率。试验证明,平面镜的玻璃背面要采用消除"铁离子"的镀银工艺,在曲面镜上要涂敷"碳化锆"薄膜,这样可使太阳光的吸收率最大、扩散率最小。这就是说,使经平面镜反射的太阳光吸收率达90%左右,而使热吸收与热扩散处于平衡状态,确保温度保持在90℃左右。

内所释放出来的能量,相当于在1秒钟内爆炸900亿颗百万吨级的氢弹所释放出来的能量!打个比方,这些能量足以把十多亿立方千米的冰融化成水!

▼ 聚光式太阳能集热器

太阳能集热器是利用太阳热的基础设施，种类比较多，常见的一种是聚光式太阳能集热器，它利用抛物面聚光原理，把太阳光聚集到一点上。它可以提高太阳能辐射能流密度，使局部获得高温。由于太阳的照射角度随时都在变化，因此需要经常调节集热器的聚焦状态。现在这项工作已由电子计算机完成了。

另外还有几种集热器。管板式太阳能集热器的效率比较低。真空玻璃管式集热器类似热水瓶胆，采用的是透光率高、耐热耐冲击的高强度玻璃来聚热。真空玻璃管式集热器的集热效率高，能把水加温到100℃，空气加温到200℃以上，并且不受环境的影响，可常年使用。日本建成的一座10千瓦的实验电站，太阳锅炉中的蒸汽温度可达350℃。

以上都是由聚光单元组成的"分散式集热系统"。除此之外，还有"塔式聚光系统"，这种系统把反射镜集聚的太阳光都集中在高高耸立的中心塔顶端的集热器系统上。这种聚光系统的特点是可以获得温度非常高的水蒸气，发电能力特别强；其不足之处是需要占

据计算，一座1000千瓦的太阳能热电站，就需占地1万多平方米；1万千瓦的热电站则需占地10万多平方米。可见，塔式太阳能热电站所需的占地面积是非常大的。

用很大地方来设置反光镜。

目前，世界上最大的抛物面反射聚光器有9层楼高，其中心温度可达4000℃。

▼ 管板式太阳能集热器

太阳能的储存和转化

太阳能只能在白天和晴天获得，如果听之任之，有时想用却没有，有时又多得用不完。那么有没有办法，把它储存和转化成为像煤炭、石油、天然气那样的能源，以便随时使用呢？

塔式太阳能热电站

所谓的太阳能电站，就是太阳能热电站。这种发电站先将太阳能转变成热能，然后再通过机械能装置转变成电能。热能充当了从太阳能到电能的"中介人"。

太阳光被收集起来后，紧接着就要解决储存和转化问题。

近来，科学家研制出一种储存太阳能的新型化合物，使用起来很简便，而且便于运输，储存效能好。这种化合物受到光照射时，会吸收能量。1千克这样的物质能储存385千焦（92千卡）的热，而它本身温度不会升高，因此，在储存或运输中能量不会散失，不需要刻意保温。如将这种物质同少量的金属银相接触，它就会释放出所储存的热量，并完全恢复到原来状态，并且可以多次重复使用。

利用化学反应来储存太阳能也是很有希望的新技术。它是将太阳光反射到一个有小孔的金属圆筒内，使圆筒里的线圈变热，以促进预先放在其中的二氧化碳和甲烷发生化合反应，生成包含氢、一氧化碳和蒸汽的混合气体。这种气体运送方便，可用管道输送到10千米以外的发电站。

▲ 云霄塔的发动机通过推进剂抵达地球大气层边缘

世界上第一座太阳能热电站，是建立在法国的奥德约太阳能热电站。当时的发电能力为64千瓦，是世界太阳能热发电站中的元老级电站。

并且不会产生污染，是一种非常洁净的储存太阳能的方法。

气体运送到发电站后，经过第二次化学反应，又转变成二氧化碳和甲烷，并产生914℃的高温，足可将盐熔化。熔化的盐能积蓄大量的热，可以使锅炉内的水变热，产生蒸汽来推动汽轮发电机发电。熔盐中的热量可以保持几个星期之久。

目前最普遍的办法是通过太阳能电站，人类将太阳能储存和转化起来，以供需要时使用。

太阳能电站的能量转换过程如下：首先，利用集热器（聚光镜）和吸热器（锅炉）把分散的太阳能汇聚成集中的热能；然后，通过热换器和汽轮发电机把热能转换成机械能；最后，机械能转换成电能。

一般来说，太阳能电站多采用前面说到的塔式结构，在地面上设置大量聚光镜，在聚光镜的适当位置建一座高塔，高塔顶上放置锅炉。用聚光镜将太阳光聚集成光束，射到锅炉上，把锅炉里的传热介质（水等）加热到高温，再通过管道传到地面上的蒸汽发生器，产生高温蒸汽，驱动汽轮发电机组发电，热能转换率可达20%左右。

1982年，美国建成了一座大型塔式太阳能热电站。这座电站采用了1818个聚光镜，塔高80米，发电能力为1万千瓦。它以太阳能为油加热，再用高温油将水变成蒸汽,利用蒸汽来推动汽轮发电机发电。

　　苏联则在乌兹别克共和国建造了世界上最大的太阳能热电站,发电能力可达30万千瓦。这一带属中亚地区,日照时间长,每年可达3000多小时,建造大型太阳能热电站很有优势。电站修建在亚速海畔,有巨大反光镜可以追踪太阳的方向,将太阳光聚集起来,照射到90米高的塔顶锅炉上,将水加热变成200~300℃的蒸汽,再推进汽轮发电机发电。同时,还可将部分蒸汽送到蓄热器中,以备电站在夜间或阴雨天发电使用。

▼ 塔顶锅炉中的水被加热变成蒸汽

DONGLIWUXIAN—XINNENGYUAN DE JUEQI

建立太空太阳能电站

将太阳能电站搬到宇宙空间去——到太空中去捕捉太阳能！使热电站连续不断地向地球发电，满足人们对能源日益增长的需要。这个宏伟计划并非痴人说梦。

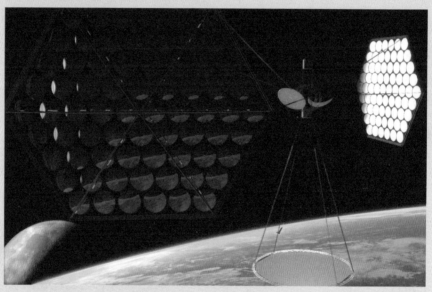

设想中的太空太阳能电站

据报道，美国在 20 世纪 70 年代初就发射了一颗装有 147840 个太阳能电池的动力卫星，可发电 11.5 千瓦。美国计划在 21 世纪建造 60 颗

在地面上建造的太阳能热电站占地面积大，发电效率低。地球上可接收到的太阳光经过大气层到达地球，已经大为减弱，其中又有三分之一被反射回空间。因此，最后真正到达地面的能量还不足 50%。另外，热电站的发电能力受天气和太阳运行的影响很大。热电站一般都装有蓄热器，但这也不能从根

本上消除天气影响。并且，由于地面环境的影响，并不是每一个地方都适宜建造太阳能热电站。

这些却难不住人类，科学家大胆设想，将太阳能电站搬到宇宙空间去——到太空中去捕捉太阳能！这样，就可以连续不断地向地球发电，满足人们对能源的需要。这真是一个富有挑战性的宏伟计划啊！

这并不是梦想。按照人类今天已掌握的空间技术，建造卫星太阳能电站是完全可能的。从20世纪50年代到现在，人类已将数

太阳能动力卫星，每颗卫星能发电500万千瓦，相当于5座核电站的发电量。这些卫星发电站的总发电量能够满足美国全部的能量需要。

▼ 太空太阳能电站可以使用微波将电能送回地球

常用的太阳能电池是硅太阳能电池，制作过程很简单。用一块像纸一样薄的硅片，一面均匀地掺进一些硼，另一面均匀地掺进一些磷，然后在薄片的两面镀上金属电极，在太阳光的照射下，这种硅片就会产生电流。

千个空间飞行器送入太空，它们是太空发电的先驱者，它们所需的能量几乎是依靠太阳能电池从太阳那里获取的。太阳能电池是一种将光能变成电能的能量转换器，是利用"光生伏打效应"的原理制成的，即当某些物质受到光线照射时，内部就会产生电流。如果我们把地球同步卫星发射到离地面35800千米的高空，它就可以相对静止地始终"悬挂"在地球某地的上空。卫星可以张开一个总面积几十万平方米的太阳能电池板。计算机控制着追日装置，使太阳能电池板像向日葵那样始终朝向太阳。

这个设想太过诱人，一旦摆脱了大气层的阻挡，电池板获得的有效太阳能，可以达到地球上日照强烈地区的几倍甚至十几倍。只要太阳存在，发电装置就能源源不绝地向我们提供强大的电力。而且，太空环境中，电池板的寿命也比大气层里长很多。

太阳能电池生产出的电又将怎样被输送到地球上来呢?科学家们选择了微波这位称职的能量传递员。太阳能电池先将太阳光变成电，微波发生器再把电变成微波。微波是一种波长极短、穿透力很强的无线电波。通过大面积的发射天线将强大的微波送回地球，地面的接收天线把接收到的微波再转换为电能供人们使用。

目前来说，建造大型的卫星太阳能电站还存在着一定的技术难关。不过，随着航天技术的飞速发展，例如空天飞机的投入使用，把大型的动力卫星送入轨道等，将开创人类利用太阳能的新纪元。

▼ 常用的太阳能电池是硅太阳能电池

"全球太阳能电池能源网"计划

人们寄希望于全球网络式的发电系统，彻底解决影响人类生存的能源危机和环境污染的难题，实现建设"蓝色星球"和"绿色家园"的梦想。

太阳能电池板由多个太阳能电池组成

单个太阳能电池不能直接作为电源使用。在实际应用中，是将几片或几十片单个的太阳能电池串联或并联起来，组成太阳能电池帆板，便可获得相当大的电能。

虽然太阳能电池的效率较低，成本又高，然而与其他能源相比，它具有可靠性好、使用寿命长、没有转动部件、使用维护方便等优点，所以太阳能电池的应用越来越广泛。太阳能汽车、太阳能游艇、太阳能飞机等都已研制成功，这标志着太阳能电池的开发应用已逐步走向产业化、商业化，有可能很快成为化石燃料的重要替代能源而广泛应用于陆运、水运和航空事业中。现在，人类正在计划通过太阳能电池，将世界各地的太阳光发电站连接起来，形成一个全球的能源网络。

1989年，在第四次太阳能电池国际会议上，科学家提出了一个气势恢弘的"全球太阳能电池能源网"计划。这一计划要求把太阳光发电站分散布置在世界各地，然后用高温超导电缆将各个太阳光发电站连接起来，形成一个全球网络。

这个计划的重点是克服单个太阳光发电系统的弱点，把能源从白昼地区输送到夜晚地区，从骄阳似火的晴朗地区输送到阴雨连绵的潮湿地区，不分白天黑夜、风霜寒暑，整个系统总能从太阳光中获得电力。

▼ "全球太阳能电池能源网"计划能够24小时不间断从太阳光中获得电力

动力无限——

新能源的崛起

要实现这项宏伟的计划，还有许多难题摆在科学家的面前。因此，还需要人类继续努力，充分利用现代高科技，加速对太阳能的大规模开发和利用。

人们要研制高性能、低成本的太阳能电池。太阳能电池是目前全世界增长速度最快的高技术产业之一，从传统的单晶硅太阳能电池到多晶硅太阳能电池和非晶硅太阳能电池，其价格越来越便宜，转换效率越来越好。制造太阳能电池的原料是取之不尽、用之不竭的，因为河沙、海沙、矿沙以至于沙漠里的沙都含有大量的硅。

开发高温超导电缆是一个根本性的问题，必须等待技术上的新突破。高温超导电缆是采用无阻的、能传输高电流密度的超导材料作为导电体并能传输大电流的一种电力设施，具有体积小、重量轻、损耗低和传输容量大的优点，可以实现低损耗、高效率、大容量输电。高温超导电缆将首先应用于短距离传输电力的场合（如发电机到变压器、变电中心到变电站、地下变电站到城市电网端口）及电镀厂、发电厂和变电站等短距离传输大电流的场合，以及大型或超大型城市电力传输的场合。乐观地估计，到2020年左右，高温超导电缆有可能进入实用化阶段。

高温超导电缆，它由电缆芯、低温容器、终端和冷却系统四个部分组成。其中电缆芯是高温超导电缆的核心部分，包括通电导体、电绝缘和屏幕导体等主要部件。

DONGLI WUXIAN——XINNENGYUAN DE JUEQI

　　最后就是各国政府要下决心建立太阳光发电站和太阳能电池生产厂。将分散的太阳光发电站连起来，"全球太阳能电池能源网"就形成了。工程耗资巨大，依靠全球各国的通力合作，在21世纪内实现这项激动人心的计划是完全可能的。

　　毫不夸张地讲，"全球太阳能电池能源网"计划是现代高科技的结晶，是人类21世纪的梦幻蓝图。

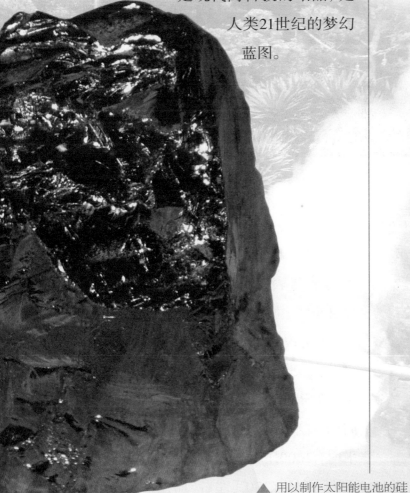

▲ 用以制作太阳能电池的硅

用管道输送太阳能

使用一种叫化学热管道系统的装置，人们可以长距离地、有效地将沙漠戈壁的太阳能源源不断地输送到城市或工业中心。

太阳是一座取之不竭、用之不尽的能源宝库

商业化太阳能开发已成为世界趋势。欧盟、日本和美国都在致力于开发可再生能源如太阳能，以提高能源供应的安全性。据估计，到2030年，由太阳能产生的电力将超过全球电力供应的10%，到2050年将达20%。而用管道运送太阳能将有助于其在能源供应中占据重要的市场份额。

太阳是一座取之不竭、用之不尽的能源宝库，但是它向四面八方的辐射是广泛而分散的。到达地球表面的太阳辐射的总量尽管很大，但是能流密度很低。平均说来，北回归线附近，夏季在天气较为晴朗的情况下，正午时太阳辐射的辐照度最大，在垂直于太阳光方向1平方米面积上接收到的太阳能平均有1000瓦左右；若按全年日夜平均，则只有200瓦左右。而在冬季大致只有一半，阴天一般只有1/5左右，这样的能流密度是很低的。因此，只有大面积采集和利用太阳能，才能满足全球日益增多的能源需要，而大面积采集太阳能的理想地点是沙漠地区和海洋水面。在骄阳似火、一望无际的沙漠戈壁，日照时间最长，太阳能最丰富，而对能量需求最大的地区却是人口密集的城市和工业发达地区。怎样才能长距离地、有效地将沙漠戈壁的太阳能源源不断地输送到城市或工业中心呢？

经过长期的研究，人们终于开发出了一种叫化学热管道系统的装置，使安全有效地长途传输太阳能的设想有了实现的可能。

▲ 只有大面积采集和利用太阳能，才能满足全球日益增多的能源需要

动力无限——新能源的崛起

中国在 2008 年后已经成为世界上最大的太阳能生产国之一，目前，中国已经具备大规模开发太阳能的基础条件。

化学热管道系统传输太阳能分为三步进行：首先是收集太阳能，一般是选择在那些寸草不生但却常年阳光灿烂的沙漠地区。收集太阳能，实际上就是将太阳能转化为化学能储存起来。太阳能首先被吸收在一个设计独特的化学反应器中，在反应器中太阳能将甲烷或其他碳氢化合物加热到高温，使它们转化为一种合成气体，在这种合成气体中蕴藏着大量由太阳能转化而成的化学能。然后，将这种高热能的合成气体冷却并储存起来，再通过管道输送到需要能源的遥远的工业中心或城市。冷却的过程也可以用来取暖。到了目的地，用一种特殊的转化装置将合成气体还原为甲烷或其他碳氢化合物，同时将合成气体中蕴藏的大量能量释放出来，这些能量可以用来发电或做多种用途。还原出来的化合物，还可以用另一条管道送回到沙漠那些收集太阳能的化学反应器中，再用来生产合成气体。整个太阳能的采集输送过程，构成了一个封闭的循环系统。

这个精心设计的系统，既不使用矿物燃料，也不排放任何废气到大气中去，只是将太阳能从酷热的沙漠地区传输到了需要能源的工业中心和城市地区，人们再也见不到热电厂那些高高的、日夜冒着滚滚浓烟的大烟囱了。这是一种多么理想而清洁的能源生产方式啊!

　　中国是世界上太阳能丰富的国家之一,人们热切地期望,在21世纪崇尚绿色和自然的新时代,我们能够用上从遥远的沙漠戈壁用管道输送来的太阳能。

▲ 太阳能收集多选择在沙漠地区

原子能时代的来临

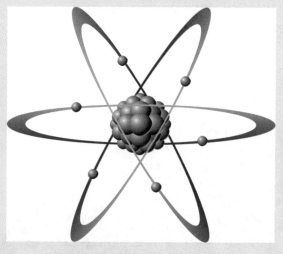

原子的模拟结构图

人类对原子世界奥秘的探索，从三千多年前就开始了，直到19世纪末20世纪初，科学家通过大量的化学、物理实验，才加深了对原子的认识，并取得了突破性进展，终于打开了原子的神秘大门。

原子核里的各种微粒之间，除电磁力外，还有一种更强大的吸引力——核力。原子核里的质子和中子就是靠这种核力的吸引，才紧紧地"拥抱"在一起的。

在20世纪20年代，关于原子的结构问题得到了科学界的统一认识：原子是由质子、电子和中子组成的。原子好像是一个微型的"太阳系"，中心的"太阳"是原子核，带有正电荷。电子围绕原子核转动的速度是令人难以置信的，每秒钟至少可绕核转100万亿圈！更为有趣的是，原子核里面还有更微小的东西，即带正电的质子和不带电的中子。而且，原子核中有多少个带正电的质子，核外就有多少个带负电的电子。

原子的质量绝大部分集中在原子核上，电子的质量则可以忽略不计，因为一个电子的质量仅是一个质子的1/1840！虽然原子核几乎集中了原子的全部质量，但在整个原子中，它占的体积却极小。将原子核比喻成一个乒乓球，那么整个原子所占据的空间比首都体育馆还要大，多么不可思议的微观世界啊！

▼ "曼哈顿工程"最后阶段——准备试爆原子弹

核裂变的再分裂时间是非常短促的，只需亿分之一秒，就是说1千克铀²³⁵完全裂变完毕只需80次左右，所需时间只有百万分之一秒！

1938年，科学家终于通过实验，为人类利用核能打开了大门，开辟了通路。

在实验中，科学家发现：用一个中子作为炮弹去轰击铀核时，除产生两个裂变原子核并释放出能量外，还会产生两三个新的中子来，这两三个新中子又去轰击两三个铀核，会再分裂出更多的"中子炮弹"来。如此这般地按几何级数陡然增加的中子就可以使铀核在瞬间全部分裂。在这种"链式反应"过程中，失去的质量就转变为释放出的巨大能量，这就是原子能，更确切地说应称之为"核能"。这种"连锁反应"的发现，终于揭开了核裂变的神秘面纱，使人类逐步认识并掌握了核裂变放出核能和核聚变放出核能这种高科技。

这一重大科学发现使人类找到了巨大的能源。一个普通的碳原子燃烧时放出的能量只有4.1电子伏特；而一个铀原子核的裂变却可以释放出大约2亿电子伏特的能量。那么1克铀²³⁵含有2.6×10^{21}个原子，每克铀²³⁵如果全部裂变产生的能量就相当于5.2×10^{23}百万电子伏特。而像火柴那样大小的1千克铀²³⁵发生核裂变释放出的能量相当于2万吨TNT炸药的爆炸力，相当于2700吨优质煤燃烧时所放出的能量。或者说1克铀^{235}燃料所释放出的能量相当于1.8吨石油产生的能量。可见，核能是何等巨大的能源！

当时，正值第二次世界大战期间，为制造出威力巨大的超级炸弹，从1940年到1945年，美国耗资22亿美元，用去了全国1/3的电力，调集了15万科技人员，开始了前后50万人参加的"曼哈顿工程"。经过5年的紧张工作，三颗原子弹诞生了。并于1945年7月16日5时30分，人类制造的第一颗原子弹试爆成功！在百万分之一秒内，埋藏在原子内部的巨大能量，终于被释放出来了！

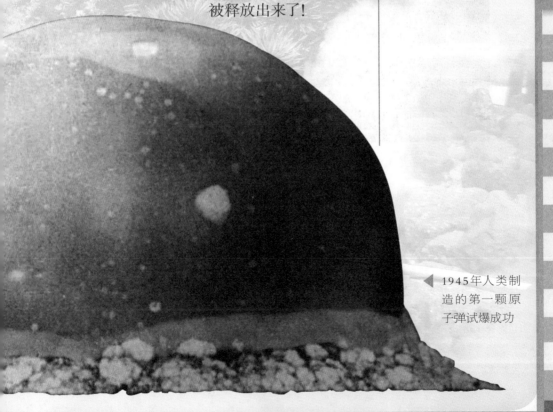

◀ 1945年人类制造的第一颗原子弹试爆成功

核电站的"锅炉"
——核反应堆

反应堆是核电站的心脏，它相当于火力发电站的锅炉。只不过锅炉里烧的是煤，反应堆里"烧"的是核燃料。火柴盒大小的一块核燃料可代替300多卡车的优质煤，核能真是令人难以置信！

远看核电站的核反应堆

在核反应堆中所放出的能量，比在化学反应中产生的能量大无数倍，这就是为什么原子弹（核裂变）、氢弹（核聚变）比普通的炸弹威力大许多的原因。

科学家发现，当用中子做炮弹轰击铀核时，铀核会分裂成两个质量差不多的新原子核——钡核和氪，同时放出两三个中子以及α、β、γ射线和极大的能量。这种现象就是核裂变。裂变过程中产生的能量叫做核裂变能。

在核能利用上，人们不希望铀核像原子弹一样一下子都裂变掉，而是希望要有控制地让一定数量的铀核进行裂变，使巨大的能量得以平静而缓慢地释放出来，这就需要设计一种特殊的可受控制的反应装置——原子核反应堆。1942年12月2日，世界上第一座实验核反应堆启动成功，首先实现了世界上第一座"自持链式原子反应堆"的"正常点火"，证明核子反应是可行的，宣告人类进入了"原子能时代"。

原子核反应堆的核心部分是堆芯。堆芯内装有铀^{235}或钚^{239}等核燃料，用中子一"点火"，原子核裂变的"连锁反应"就开始了，即核燃料就"燃烧"起来。

▼ 核反应堆的堆芯

在反应堆的外面，修建有很厚的水泥防护层，用来屏蔽核反应中产生的对人体有伤害的射线。

铀^{235}裂变产生的是速度很高的快中子。这些快中子很容易被天然铀中含量很高的铀^{238}俘获而不发生裂变，从而使铀^{235}原子核间的链式反应停止。为了降低中子的速度，人们在铀棒的周围装入了石墨或重水等减速剂。这样一来，铀^{235}裂变产生的快中子进入石墨后，就与石墨的原子核发生相互碰撞，结果使其速度减慢，能量减小，变成了速度较慢的热中子。铀^{238}不吸收这种热中子，从而保证了铀^{235}的裂变反应继续进行。

如果中子太多，又会使铀^{235}的裂变反应进行得太激烈。这样随核能的大量释放，反应堆内部温度不断升高，有可能使反应堆遭到破坏。那么，该如何控制核裂变链式反应进行的速度呢？

其实很简单，只要在反应堆里安装一种棒状的控制元件，以控制新产生的中子数量就行了。控制棒一般用镉钢制成，这些材料特别喜欢"吞吃"中子。当反应过快时，将控制棒插进反应堆深一点，让它大量"吞吃"中子，中子数目立刻减少，反应就慢下来；反之，链式反应的速度就会加快。从而使反应堆按照人们的需要释放能量。

反应堆启动后，核裂变释放的核能会使反应堆的温度迅速上升。人们采用循环运行的冷却剂，把能量从反应堆里源源不断地输送出来，通过热交换器把能量传送给水，大量的水受热变成高温高压的蒸汽，蒸汽再去推动汽轮发电机发电，这就成了核电站。

◀ 水泥防护层可以屏蔽核反应堆产生的射线

核反应堆家族

动力无限——

新能源的崛起

由于原子核反应堆中采取了不同的控制办法，就分出了几种不同的堆型。那么核反应堆家族都有哪些成员呢？

采用压水堆技术的美国代阿布洛峡谷核电站

通常所说的核反应堆仅指核裂变反应堆。因为核能工业应用特别是核电应用，截至今天能够实用化的核反应堆，无论是哪种堆型，本质上都是"核裂变反应堆"。按发展阶段来说，是指第一代反应堆和第二代快中子增殖堆。而第三代核聚变反应堆仍处于研究阶段。

由于原子核反应堆中采取了不同的控制办法，就分出了几种不同的堆型，下面，让我们来"拜访"一下形形色色的核反应堆。

技术最成熟的是轻水堆。所谓"轻水堆"，简明地说就是利用经过过滤净化的普通水作减速剂和冷却剂，使快中子遇水后减缓速度的反应堆。轻水堆分为压水堆和沸水堆两类。前者是指使核反应的水处于高压状态，不在堆内沸腾，而是将其引入蒸发

快堆核裂变产生的热量，用熔融的液态钠作为冷却剂将热量从反应堆中运载出来，运到中间交换器。在这里，一回路钠把热量传给中间回路钠，中间回路钠进入蒸汽发生器，将其中的水变成蒸汽，驱动汽轮发电机组发电。

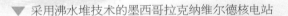

▼ 采用沸水堆技术的墨西哥拉克纳维尔德核电站

在快堆研究上，美国是起步最早、投资最大的国家；而法国则是进步最快的国家，已于20世纪80年代中期，建成了世界上最大的快堆核电站——超级凤凰快堆核电站。这座核电站是由法、意、德三国合资建造的，设计热功率300万千瓦，电功率120万千瓦，于1986年投入运营。

器中，在其中与低压水进行热交换，产生热蒸汽。压水堆是目前公认的技术最成熟、安全可靠性最高的核反应堆型。世界上现有的400多座核电站中，大多数是压水堆。"沸水堆"是要核反应堆中直接产生水蒸气。

与众不同的重水堆，是指使用重水（氧化氘）作为核裂变产生的中子减速剂和冷却剂的反应堆。重水堆的突出特点是，这种电站的连续工作时间可以很长，不必停机更换燃料。

气冷堆是利用气体冷却的反应堆，其减速剂采用石墨，冷却剂采用氦气。这种反应堆使用范围广泛，有供热、发电、炼钢等多种用途。

以上所谈的轻水堆（压水堆和沸水堆）、重水堆和气冷堆等，都是目前实用的第一代核反应堆，都属消耗型的热中子转换堆。这些反应堆只将蕴藏在天然铀中1%~2%的能量利用起来，燃烧利用率太低，要消耗大量的天然铀资源。于是，第二代快中子增殖堆（简称"快堆"）应运而生了。

快中子增殖反应堆，主要是以铀、钚混合氧化物作核燃料，用液态钠作冷却剂，不需要减速剂的反应堆。由于这种反应堆能在燃烧的过程中增殖燃料，所以很有发展前途，被人们誉为"明天的核电站锅炉"。快堆对节省铀资源、提高核电站的安全性都是极为重要的。它的一个独特优点是其燃料可以循环使用。甚至可以说，快堆是既增产、又节流，还可开源的"多面手"。快堆是近几年取得很大进展的高科技产物。

由于快堆具有增产、节流、开源的独特优点，已引起世界各国的重视。核能技术的飞速发展，在世界能源结构中占据着越来越重要的地位，对世界各国的经济繁荣、政治稳定、国防强大产生了巨大的影响。

▼ 采用快堆技术的法国超级凤凰核电站

"能源之王"——核聚变能

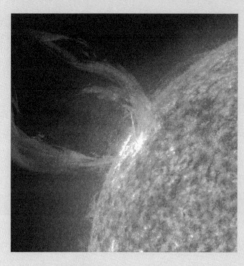

核聚变所释放的能量比核裂变所释放的能量还要巨大，这种崭新的核能被科学家称为"能源之王"。

光芒四射的太阳时时刻刻都在进行核聚变

当很轻的原子核在极高的温度下非常接近时，会聚合在一起形成一种新的原子核，同时释放出比核裂变更多的能量。这个过程就是核聚变。

半个世纪以来，核能的获得都是应用核裂变原理，这种裂变方式除"快堆"以外，最终是要耗尽地球上有限的铀资源的。核能的另一种更令人向往的来源——核聚变所释放的能量比核裂变所释放的能量还要巨大，这种崭新的核能被科学家称为"能源之王"。

核聚变的基本原理是，将两种较轻的原子核——氢元素的同位素氘和氚聚集在一起，在超高温或超高压等特定条件下聚合成一种较重的原子核。在这种核聚变中，原子核会失去一部分质量，与此同时释放出巨大的能量来，这就是"核聚变反

▶ 世界上第一颗氢弹"麦克"爆炸

应"。因为这种反应是在极高温度下才能进行的，所以又叫"热核反应"。

热核反应可在瞬间产生大量热能，但目前尚无法加以利用。如能使热核反应在一定约束区域内，根据人们的意图有控制地产生与进行，即可实现受控热核反应。这正是目前在进行试验研究的重大课题。受控热核反应是聚变反应堆的基础。聚变反应堆一旦成功，则可能向人类提供最清洁而又取之不尽的能源。

我们知道，在光芒四射的太阳之中，时时刻刻地进行着核聚变。在高温高压的条件下，氢的同位素氘和氚发生激烈碰撞，聚合成氦。在聚合过程中世界上的第一颗氢弹"麦克"是由三种炸弹组合而成的，最外面是氢弹，内部是原子弹，还有一颗装有TNT炸药的普通炸弹。普通炸弹引爆原子弹，原子弹产生的超高温才能引爆氢弹。

会发生质量亏损，虽然亏损的是一点点的质量，但根据爱因斯坦的质能转化公式$E=mc^2$（E为能量，m为质量；c为光速，每秒30万千米），可知这"一点点"的质量转化的能量大得异常惊人！据计算，太阳每秒钟有6.5亿吨的氢聚变成氦，也就是说，太阳每秒钟将有460万吨的质量转化成能量。

目前，作为热核杀伤武器的氢弹，利用的就是热核聚变原理。但氢弹的热核聚变反应速度不能控制，很难作为能源来利用，通称为"不可控的热核反应"。

世界上的第一颗氢弹"麦克"于1952年爆炸，由此产生数千万摄氏度的高温，再引起氘和氚的核聚变反应，就可以释放出惊天动地的巨大能量：相当于300万吨TNT烈性炸药的威力，是1945年投到日本广岛、长崎的原子弹威力的150倍！

核能最重要的应用除核能发电和核能供热以外，还可在其他领域得到应用，包括国防、航空、航天、航海、工业、农业、医疗卫生、日常生活等。特别适于作为船舶、火箭、导弹、宇宙飞船、人造卫星等民用和军事装备的动力能源，尤其是核动力不需要空气助燃，因此，可广泛作为地下、水下、空间等缺乏空气环境的特殊动力。现在，人们正设法控制热核反应的速度，使能量逐渐地根据人们的要求有控制地释放出来，从而进行发电或转换成其他形式的能量，用于工农业生产和人民生活，这就是"受控核聚变"。

▼ 核能技术已经应用于潜艇制造

令人向往的"人造太阳"

太阳就是靠核聚变反应来给太阳系带来光和热,现在,人们也期待受控核聚变反应堆的应用,能够像太阳一样发挥巨大的作用。

托卡马克装置

据计算,一座受控核聚变反应堆可以连续工作3000年。有人将它称为"人造太阳"。另外,它还具有质能较高、原料充足、不污染环境、安全性高等优点。所以,世界上许多国家都在积极进行受控核聚变的研究。

目前,可行性较大的可控核聚变反应装置就是托卡马克装置。托卡马克装置是一种利用磁约束来实现受控核聚变的环形容器。最初是由位于苏联莫斯科的库尔恰托夫研究所的阿齐莫维齐等人在20世纪50年代发明的。托卡马克装置的中央是一个环形的真空室，外面缠绕着线圈。在通电的时候托卡马克的内部会产生巨大的螺旋形磁场，将其中的等离子体加热到很高的温度，以达到核聚变的目的。

　　既然核聚变有这么多优点，为什么这些年来发展的速度却不快？原因很简单，要将受控核聚变作为工业应用，要比制造氢弹困难得多。核聚变如此

　　产生可控核聚变需要的条件非常苛刻。太阳中心温度达到1500万摄氏度，另外还需有巨大的压力能使核聚变正常反应，而地球上没办法获得巨大的压力，只能通过提高温度来弥补，不过这样一来温度要到上亿摄氏度才行。

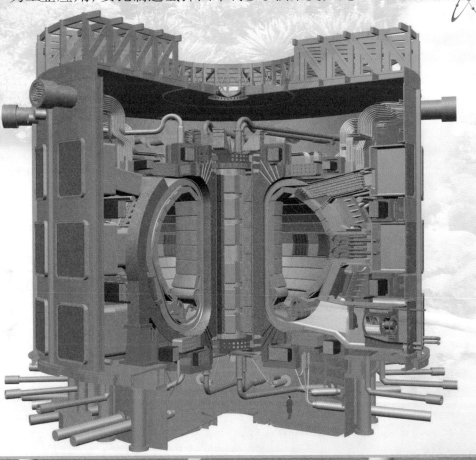

托卡马克装置结构图

49

2010 年 2 月 6 日，美国利用高能激光实现了核聚变点火所需条件。

动力无限——
新能源的崛起

高的温度没有一种固体物质能够承受，只能靠强大的磁场来约束。只有当温度、密度都达到一个临界值时，聚变反应才可能持续下去，这就是"点火"。而要达到"点火"的条件十分苛刻，必须具备以下四个基本条件：

一是超高温。超高温要求把氘和氚等轻元素加热到1亿摄氏度至2亿摄氏度（最低为7000万摄氏度），这比太阳内部的温度还要高10倍，要达到谈何容易？

二是高密度。要使中子的密度达到每立方厘米50万亿个，同时还要解决材料因中子作用而劣化的问题。

三是约束时间长。就是要使能量约束时间达到1秒钟以上，而且需要将高温等离子体装在容器里，还要保证不能和容器壁相撞，否则，等离子体温度会下降，容器也会因高温而烧坏。

四是保持干净。必须从原料到容器都是高度纯洁，容器本身的真空度要达到大气压的十亿分之一。

正是因为上述这些超难技术问题的困扰，30多年来，核聚变技术发展非常缓慢。专家们普遍认为，目前世界各国还难以达到核聚变技术的实用阶段。尽管如此，科学家还是绞尽脑汁，不断研究。随着一些难题的攻破，"人造太阳"——受控核聚变终于露出希望的曙光。

1991年11月9日,在英国牛津郡卡勒姆的联合欧洲核聚变实验环形装置上,人类首次成功进行了受控核聚变实验。虽然这次实验只有1.8秒钟,获得了相当于17000千瓦电力的能量,但是实验时核聚变温度一下子达到3亿摄氏度,比太阳内部温度还要高20倍。

科学家惊呼:这次实验成功,标志着人类有能力再造"太阳"!人类长期以来的梦——生产取之不尽的能源终将成为现实。专家预言,核聚变能这一崭新的"能源之王"必将成为解决21世纪人类能源需要的一个主要途径。

▼ 联合欧洲核聚变实验环形装置

核燃料的来源

铀矿

世界上目前仅有少数国家能生产核燃料。因此，解决核燃料的来源难问题，是目前核能发展中的一个关键。

陆地上铀资源储藏在铀矿石中，而全世界的铀矿总储量不过100万吨左右，这就让通过开采铀矿获得核燃料的方式受到极大限制。

在当今世界，无论是发达国家还是发展中国家，都把发展原子能事业作为解决未来能源的战略决策。就目前来说，原子能的主要来源是铀原子裂变所生成的巨大能量。无论是快中子反应堆还是慢中子反应堆，主要都是利用铀^{235}和钚^{239}作核燃料。它们与一般矿物燃料有两个突出的不同点：一是它们的生产过程复杂，要经过采矿、加工提炼、转化、浓缩、元件制造等多道工序才能制成可供核设施使用的燃料；二是核燃料不仅不能一次"烧尽"，而且还会产生出新的核燃料，因此还要进行严格的"后处理"。

众所周知，核电站中所有轻水反应堆都是使用铀²³⁵作燃料，但是在天然铀中铀²³⁵的含量只有0.7%，其余99.3%是铀²³⁸，它在轻水堆中不能引起裂变。为了获得利用效率高的铀²³⁵燃料，就必须将其浓缩到2%~3%，这就是通常说的"低浓缩铀"。而用于核武器的装料，却要浓缩到90%的"高浓缩铀"。这就需要将天然铀加工后才能使用，这就是核能发展中的一个关键问题。就世界范围说，目前仅有11个国家

▲ 高浓缩铀组件

海水提铀的方法很多，其中最有前途的是吸附法。科学家选择合适的吸附剂，放到海水中，这些吸附剂会主动吸附海水中的铀，进而可以加工提取。

能生产核燃料，可见其生产工艺之难。

目前，核专家认为可行的取得核燃料的方法有三种：采炼核铀、循环使用、海水提铀。

采炼核铀。首先是开采铀矿；然后就是对铀矿石进行加工处理，从含铀量0.1%左右的矿石中将铀提炼出来，加工成含量较高的铀浓缩物；第三步是将铀浓缩物进一步纯化后，由八氧化三铀（U_3O_8）转化成铀的气态化合物六氟化铀（UF_6）；第四步是将六氟化铀送往气体扩散工厂，加工成低浓铀（或高浓铀）二氧化铀（UO_2）的粉末；最后将这些浓缩铀送到元件制造厂，制成所需的核电站的燃料或核武器的填装料等组件成品。

循环使用。核燃料在核反应堆内燃烧过程中除了剩下一部分核燃料外，同时又产生一部分新的核燃料——钚[239]，这些核燃料经过加工处理后可重新使用。对燃烧后的核燃料进行"后处理"是指核燃料铀[235]在堆内"燃烧"一段时间后，把它们卸出，送往后处理工厂进行化学回收未"燃尽"的铀[235]和新生的钚[239]。

海水提铀。这是人们极力延长和增多铀资源的途径之一。专家测得海水中含铀的比例为3PPb（即1克海水中含十亿分之三的铀，也就

是说, 1000吨海水中含3克铀), 那么, 全球质量为
$1.5×10^{18}$吨的海水中就含有总量为45亿吨铀资源。
其比例虽小, 但总量大, 是陆地上铀含量的几百倍,
可以供人类使用数百万年。海水提铀技术若能得以
实用化, 对解决核燃料问题将有重大意义。

▼ 澳大利亚兰杰铀矿场

海底核电站
——"不移动的核潜艇"

与海底核电站、陆上核电站相比较，海上核电站具有造价低、选择余地大、建造时间短等优点。但是人们对于海上核电站的安全性普遍持怀疑态度，加上一些技术原因，它在很长时间内并没有得到迅速的发展和应用。

世界各国重视勘探和开采海底能源

海上核电站与陆上核电站一样，都有专门的废气、废料的处理措施和办法，绝不会把带放射性物质的废水直接排入海水

勘探和开采海底能源早以被世界各国所重视。但是在开采过程中，总是会碰到各种难题。比如在开采五六百米以下深海海底的石油和天然气的过程中，需要从陆地上的发电站通过很长的海底电缆向海洋采油平台供电。这不仅在技术上要求很高，而且要花费大量资金。如果采取在采油平台的海底附

近建造海底核电站的方法，就较方便地将富足的电力送往采油平台，还可以为其他远洋作业设施提供廉价电源。

海底核电站与陆地核电站其工作原理基本上是相同的。都是利用核裂变中产生的热量将水或其他液体加热变成高压蒸汽，再去推动汽轮发电机组发电。但是，海底核电站的工作条件要比陆上核电站严格得多。它要求海底核电站所有的零部件都要具有承受巨大压力、密封性好、耐海水腐蚀的能力。因

中，不会影响水中生物和人类的安全与生存。世界上第一座海上核电站从建立到现在，并没发生过类似的污染现象就是明证。

▼ 英国曾经在发生"石油危机"时，提出建造海底核电站

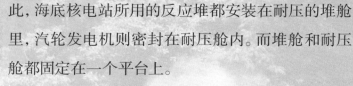

动力无限——
新能源的崛起

现在，世界上许多国家对这种优点突出的海上核电站非常关注，尤其是日本、新西兰、英国等岛国，陆地面积小，适宜建造陆上核电站的地方少，而海岸线却很长，可充分利用这一优势，大力发展海上核电站，让越来越多的"明珠"闪耀在辽阔的洋面上。

此，海底核电站所用的反应堆都安装在耐压的堆舱里，汽轮发电机则密封在耐压舱内。而堆舱和耐压舱都固定在一个平台上。

海洋石油开采不断向深海海底发展，因此人们提出一项大胆的设想，即建造海底核电站。

美国最先开始研究海底核电站。早在1974年美国原子能委员会就提出发电容量为3000千瓦的海底发电站的设计方案。这座核电站包括反应堆、发电机、主管道、废热交换器、沉箱五大部分。它采用的是一种安全性非常好的铀氢化锆反应堆，又称"脉冲反应堆"。

脉冲反应堆的特殊之处在于，它的发电能力能在极短时间内由零迅速上升到几百万千瓦，之后又自动迅速地降落下来。正是这种在短时间内起伏变化大的特点，使它的发电能力非常高。

就以美国设计的海底核电站来说，它在稳定时的发电能力只有3000千瓦，可是其脉冲发电能力最高可达600万千瓦，是稳定时的2000倍。海底核电站的反应堆用的冷却剂是海水。整个核电站在海底安全运行4年后，可以像潜艇一样浮出海面，进行换料检修，然后再沉入海底继续使用。因此，有人将海底核电站戏称为"不移动的核潜艇"。

英国几家公司在20世纪70年代发生"石油危

机"时，为开采海底石油，也联合提出了建造海底核电站的设计方案。

我们相信，随着海洋开发技术的进一步提高，将大大加速海底核电站的研究与发展。相信在不久的将来，这种建造在海底的特殊核电站就要正式问世了。

▼ 陆上核电站

核电池的"生命力"

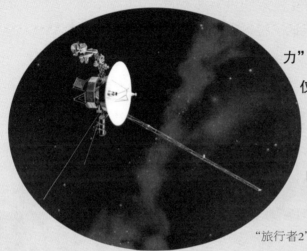

由于核电池具有"生命力"异常强大的特点，它不仅在航天领域大显身手，而且在医疗器械、潜海等许多领域都得到广泛的应用。

"旅行者2"号探测器搭载了强大的核电池

各种太空飞行器上都装备有非常复杂的电子设备，包括电子计算机、自动控制装置、通信联络系统等，这些系统的运转需要使用大量可靠的电能。一个星际飞行器来回航程需要数年甚至十几年的时间，而且在此期间，它还要与地面保持不断的联系。针对这种情况，对这些太空飞行器上的电源的要求就非常高，首先这种电源要有非常大的容量，其次这种电源一定要有特别可靠的性能。最早，人们在太空飞行器上使用燃料电池；后来，又采用太阳能电池作为太空飞行器的电源；现在，则广泛采用核电池。

20世纪70年代，美国发射的"旅行者1"号和"旅行者2"号星际探测器，至今已在茫茫宇宙中飞行了150多亿千米，它们能在宇宙中保存并工作10亿年！据计算，公元4000年时，"旅行者1"号将从鹿豹座一颗恒星旁掠过；再过35.6万年，"旅行者2"号将接近到距天狼星仅0.8亿光年处。

海洋深处，也是核电池的重要用武之地。例如，现在已将核电池作为水下监听器的电源，以监听敌潜艇的活动。这种核电池的工作时间可长达十几年，而且可长期不用人去看管和维修。用核电池作海底电缆中继站的电源，五六千米深海处的巨大压力根本奈何它不得，既安全可靠又经济。

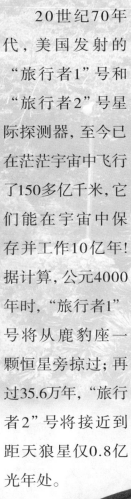

"卡西尼"土星探测器所搭载的核电池

DONGLI WUXIAN — XINNENGYUAN DE JUEQI

动力无限——新能源的崛起

从 1970 年 的 4 月起，全世界已有成千上万个配有核电池的心脏起搏器和人工心脏植入人体。整个电池的质量只有 160 克，可以在人体内精细可靠地连续工作 10 年以上。

是什么能源使这两颗星际探测器不知疲倦地一直工作下去呢? 这就是"生命力"异常强大的核电池。

核电池一般是使用放射性元素钚^{238}、钋^{210}、钴^{60}等作为热源，它们在衰变过程中不断放出具有热能的射线，人们通过半导体换能器将这些射线的热能转变为电能，就制成了核电池。

核电池在外形上多为圆柱形，与普通干电池相似。在它的中心密封有放射性同位素源，它的外面是热离子转换器。转换器的外层为防辐射的屏蔽层，最外层是金属筒外壳。

核电池具有许多独特的优点。首先，这些放射性元素衰变时释放出的能量和速度不受环境因素，如温度、电磁场、压力等的影响。因此，核电池具有特别强的抗干扰性、工作准确可靠性。其次，放射性同位素在衰变中能放出

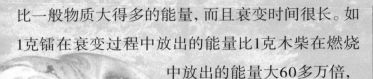

比一般物质大得多的能量，而且衰变时间很长。如1克镭在衰变过程中放出的能量比1克木柴在燃烧中放出的能量大60多万倍，衰变时间长达1万年。这就是核电池体积小，"生命力"却特别强大的秘密所在。

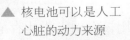

▲ 核电池可以是人工
心脏的动力来源

核电站的安全性能

切尔诺贝利核电站

核电站是当今世界最新科技成果之一，像一切新生事物一样，总会有一个由不完善到逐渐完善的发展过程。但从总体上看，随着核电站技术的不断完善，它的安全性能也会不断提高。

长期以来许多人对核电站的安全性能有着种种疑虑。每当人们想起1986年苏联发生的切尔诺贝利核电站事故和2011年日本福岛核电站事故，就会同原子弹联系起来令人恐惧。

那么，核电站到底会不会像原子弹那样发生爆炸？利用核电对人类生存有没有危险？

核电站绝对不会像原子弹那样发生毁灭性的爆炸。因为建造核电站的设计和使用的材料、燃料等，都与原子弹完全不同，其工作方式和介质也不一样，不可能发生核爆炸。

具体一点说，原子弹是一种不可控的链式反应装置，要用90%以上的高浓缩度裂变物质（如铀^{235}或钚^{239}）作原料，并且在引爆前它们都分散布置在炸弹外层，弹内没有任何吸收中子的物质。在用极复杂精密的引爆系统点火引爆后，外层裂变物质被迅速压缩到中心，形成不受控制的链式裂变反应，巨大的核能量在极短时间内释放出来，可又无法带走，

在20世纪70年代石油危机时期，核能曾一度高速发展；但是在1986年发生了切尔诺贝利核电站事故以后，世界核能发展遭受了一定挫折；现在，核电站又重新进入发展高峰期。目前，许多国家核发电量已占本国发电总量的10%～45%。2011年3月，日本福岛核电站危机再一次引起社会对核电的反思，未来核电安全问题将成为全人类关注的热点。

▼ 美国三里岛核电站全景

核发电具有较显著的优越性：核能密度高，其热值是煤热值的300万倍；对大气污染少；燃料运输量小；发电综合成本低等。这些优点使发展核能成为各国竞相追逐的战略目标。法国、日本、美国、瑞典、印度、中国等许多国家都将核能的开发作为解决能源问题的主攻方向。据专家预计，21世纪中叶，核能将会取代石油等矿物燃料而成为世界各国的主要能源。

动力无限——新能源的崛起

于是不受控制的核爆炸就发生了。

而核电站所用的反应堆，却是一个以低浓缩裂变物质作燃料的可控制的裂变反应装置。这种反应堆平时根本不会发生裂变反应，只有当吸收中子的控制棒被控制机构提出反应堆时，才会产生部分裂变反应，将能量有控制地释放出来。

美国曾在沙漠地区的一座压水堆核电站做过控制棒完全失控的试验，结果证明核电站不会爆炸。即使是切尔诺贝利核电站发生的最严重的事故，造成反应堆失控过热、堆芯熔化、石墨高温燃烧、核电站发生火灾，但也没发生核爆炸。

事实和理论都证明：核电站根本不会发生像原子弹那样的不可控制的链式反应的核爆炸。

为防止放射性泄漏和应付可能发生的事故，人们给核电站设置了四道"安全门"，以提高它的"安全性"。

一是在陶瓷型燃料棒内，除少量裂变气体、穿透率较强的中子和γ射线外，其余98%的放射性裂变产物都不会漏出棒外。二是将燃料棒密封在锆合金包壳管内，它能承受200多个大气压力，具有抗腐蚀、耐高温、长期工作不会破裂的能力。三是把燃料棒封闭在严密的压力容器内，即使个别燃料棒破损，其放射性物质也不会泄露出来。四是将压力容器放在安全壳厂房内。厂房均采用双层壳件结构,对放射性物质有很强的防护作用。

　　事实证明,核电站的这些层层屏障是十分可靠有效的。即使发生美国三里岛核电站那样大的事故,也没对环境和周围的居民造成危害与伤亡。日本福岛核电站是因为超期服役和大地震造成核电站事故的,如严格按照现代核电站安全性的要求,是可以避免的。

▼ 现代核电站设计了多重安全措施

被誉为"蓝色油田"的海洋

天文学家之所以称人类的摇篮——地球为"蓝色星球",是因为它有着浩瀚无边的海洋。远远望去,波涛汹涌蔚蓝色的海水,就像一座璀璨美丽的珠宝库,蕴藏着丰富的珍宝。

海洋被誉为"蓝色油田"

海洋的能源除矿物燃料外,还有以热能、动能和化学能形式出现的"海洋能"。据专家估计,海洋能源占世界能源总量的70%以上,海洋真是人类最大的"能源库"。

地球的表面积约为5.1亿平方千米,其中海洋面积达3.61亿平方千米,占总面积的71%。多少年来,海洋被誉为生命的摇篮、风雨的故乡、五洲的通道、资源的宝库。生物学家还断言海洋是生命的发源地;海洋学家由于发现海洋蕴藏着巨量的资源和能源而将海洋称为世界"第六大洲"。

如何向波涛汹涌的海洋索取能源呢?要将向海洋索取能源的幻想变成现实,必须依靠科学技术的进步。相传一千多年前，中国山东蓬莱就在海边建造磨面坊，利用潮水作动力推动转轮做功，将潮汐能转化为机械能。早在100多年前，人们就提出了利用潮汐能发电的设想。在20世纪80年代后期，人类索取海洋能源的夙愿终于实现了。目前科学家在利用海洋能方面已经取得了许多突破，包括：潮汐发电——利用潮汐涨落形成的水位差发电；海浪发电——利用波浪中蕴藏着的机械能发

▼ 海浪中蕴藏无穷的机械能

动力无限——新能源的崛起

波力发电已有半个世纪的历史了。早在1955年就发明了第一台波力发电机，以后各国先后提出了许多巧妙而有趣的波力发电实验装置。利用海浪发电，既不消耗任何燃料和资源，又不产生任何污染，是一种干净的发电技术。这种不占用任何土地，只要有海浪就能发电的办法，特别适合于那些无法架设电线的沿海小岛使用。

电；温差发电——利用海洋表面较暖而深处较冷的温度差发电；海流发电——利用海水的流动来推动水轮机发电。

海洋能的储量，按粗略估算全世界的潮汐能约为27亿千瓦；海浪能约为25亿千瓦；海流能约为50亿千瓦；温差能约为26亿千瓦。此外，海面上太阳能的蕴藏量约为80亿千瓦，风能为10亿～100亿千瓦。这样巨大的海洋能源如果能充分开发利用，是何等巨大的能源库。有人曾把海洋比做"蓝色油田"，实在是太贴切、太形象了。

现在，世界上已经建成了若干个潮汐发电站，将潮汐能转化为电能为人类造福。潮汐发电的工作原理和一般水力发电的工作原理相近。它采取把靠海的河口或海湾用一条大坝与大海分隔开的方法，形成天然水库，发电机组安装在拦海大坝里，利用潮汐涨落的位差能来推动水力涡轮发电机组发电。它的特点是涨潮和落潮过程中水流方向相反，双向推动水力涡轮转动，且水流速度也有变化。这一点虽给潮汐发电带来技术上的一些特殊困难，但可通过控制水库流量和用电气线路转变的办法得到解决。而它的优点在于它不受洪水、枯水的水文因素影响，功效反而比较稳定。

海洋能不仅蕴藏量十分巨大，而且是干净的能源，不会污染环境。海洋能还是可再生能源，取之不尽，用之不竭。

虽然海洋里蕴藏的能量终于被人类发现并重视起来，但是对海洋能量的开发利用才刚刚起步。让海洋能充分被人类利用，必须依靠科学技术的发展与进步。科学家预言，21世纪将进入全面、综合、立体开发海洋的"海洋经济时代"。

▼ 潮汐涨落位差能够推动水力涡轮发电机组发电

DONGLI WUXIAN——XINNENGYUAN DE JUEQI

潮汐能

潮汐能是干净的可再生能源，潮汐发电为潮汐能的利用展示了美好的发展前景。

潮汐发电机

通常，海洋中的潮差比较小，一般仅几厘米，多者只有1米左右。而喇叭状海岸或河口地区，潮差就比较大。例如加拿大的芬地湾、法国的塞纳河口、中国的钱塘江口、英国的泰晤士河口等都是世界上潮差较大的地区。其中，芬地湾的潮差高达18米，是世界上潮差最大的地方。

潮汐能是以位能形态出现的海洋能之一。潮汐是由月亮和太阳的引力引起的，由于月亮离地球较近，这种引力的作用更大。水是流动的，海水非常容易移动。月亮引力使地球面向月亮的那一部分的海水上涨，地球的这个部分就出现高潮。由于地球自转的惯性离心力作用，地球背向月亮的那一面也是高潮。有些地方的海水流向高潮地区，这些地方就出现低潮。通常，将白天海水上涨叫"潮"；晚上海水上涨叫"汐"，合称为"潮汐"。

海洋的潮汐中蕴藏着巨大的能量。在涨潮的过程中，汹涌而来的海水具有很大的动能，随着海水水位的升高，就把大量海水的动能转化为势能；在落潮过程中，海水又奔腾而去，水位逐渐降低，大量的势能又转化为动能。海水在涨潮、落潮的运动中所包含的大量动能和势能，称为潮汐能。

▼ 潮汐发电机运作示意图

动力无限——新能源的崛起

1966年，法国朗斯河口建造的潮汐发电站发电成功。这座电站是世界上第一座大容量的现代化潮汐电站，被称为法国的一个伟大创造。它的大坝长750米，贮水面积2200公顷，最高水位13.5米，可储水1.89亿立方米。它装有24台发电机组，装机容量24万千瓦，年发电量5.55亿度。

潮汐涨落形成的水位差，即相邻高潮潮位与低潮潮位的高度差，称为潮位差或潮差。海水潮汐能的大小随潮差而变，潮差越大，潮汐能也越大。例如，在1平方千米的海面上，潮差为5米时，其潮汐能发电的最大功率为5500千瓦；而潮差为10米时，最大发电功率为22000千瓦。潮汐的能量是非常巨大的。据初步估计，全世界海洋蕴藏的潮汐能约为27亿千瓦。每年的发电量可达33480万亿度。

目前，潮汐发电站依其布置方式不同分为以下三种：

单程式潮汐电站。一般在连接海湾的河口内形成水库。在涨潮时，使海水进入水库；落潮时，让海水通过大坝里的涡轮电机向海湾泄水，从而发电。这种电站修建容易，但不能连续发电。中国的江厦潮汐电站就是单程式电站。

双程式潮汐电站。可以双向流水发电，即当落潮时和无潮时，库区水按需要调节放水，顺流推动涡轮机发电；在涨潮时，开闸进水，海水经过相反方向，仍可推动涡轮

机反向转动发电。这种新型潮汐发电技术，能保证在涨潮、落潮时都可连续发电，提高了潮汐能的利用率。

连程式潮汐电站。它建有多个高度不等的贮水池，采用水轮机——水泵组合，在涨潮、落潮时，利用两个贮水池之间的水位差来推动机组发电。这种电站通过"储能"方法，可稳定连续地发电。

▼ 法国朗斯河口潮汐发电站

海浪能

海浪发电机

海洋中蕴藏有如此丰富的能量，将海浪的动能转化为电能，将制造灾难的"惊涛骇浪"变为人类的驯服工具，是人们多年来梦寐以求的理想。

海浪能是以动能形式表现的海洋能之一。海浪是由海上的风吹动海水形成的。风与海面作用产生波浪，水面上的大小波浪交替，有规律地顺风"滚"动着；水面下面的波浪随风力不同作直径不同、转速不同的圆周运动。海浪滚滚而来，蕴藏着巨大的能量。

据计算，在每平方千米的海面上，运动着的海浪，大约蕴藏着30万千瓦的能量。海浪对海岸的冲击力，每平方米可达到20～30吨。巨大的海浪可把一块13吨重的岩石一下子抛向20米的高处，也能把1.7

万吨的巨轮推上岸！可见那一望无际的海洋里确实蕴藏着异常雄伟的力量。

1977年，有人对世界各大洋平均波高1米、周期1秒的海浪进行推算，全球波浪能功率为700亿千瓦，其中可开发利用的约为25亿千瓦，与潮汐能相近。日本专家仅以拥有海岸线1.3万千米的日本推算，其海浪能就有1.4亿千瓦。而中国沿海的海浪能为每米20～40千瓦，总能量达1.7亿千瓦。

利用海浪波力发电的形式很多，现在较为广泛采用的主要有三种：浮体式振荡水柱型、固定式振荡水柱型和收缩水道型。

英国将波力发电的研究放在新能源开发的首位，甚至称其为"第三能源"。1991年，英国建成了目前世界上最先进的波力电站，使用一台韦尔斯气动涡轮机，把一个峡谷的海浪变成了电能。

▼ 海浪发电机

加拿大于1988年在芬兰岛南部海岸，建成了一座世界上最大的波力发电装置，装机容量为1000千瓦。

浮体式振荡水柱型，在浮体底部设有水管或水室，当波能压迫水体时，使水室的空气压缩，并由空气驱动涡轮机旋转，然后带动发电机发电。此种波力发电形式多用于海上漂浮装置，如航标灯、波力发电船等。

固定式振荡水柱型，多在岸边设置引波道，并形成水室，水室与固定在岸上的气室相连，当水室的水体在波力的作用下发生升降，就会压迫气室的空气，并驱动涡轮机工作，带动发电机发电。它多用于岸式波力发电站。英国在路易岛设计了一座5000千瓦的岸式波力电站，日本拟采用这种形式建造防波堤电站。它是波力发电大型化的主要形式。

收缩水道型是水流型波力发电的主要形式，目前已在挪威建造了一座350千瓦的波力发电站。它是利用有利地形，将海洋波浪引入一条逐渐收缩的水道，采用堤坝的形式，迫使大浪将海水翻入坝内，造成一座水库。然后像潮汐电站一样，将水从水轮机排入大海，以水力发电的方式获得电能。

海浪能是自然界中存在的巨大能量，发展波力发电技术，投资少、见效快、无污染、不需原料投入，因此，世界各国专家们一致认为合理开发利用海浪能具有重大的实用价值。

总之，世界各国利用波力发电的浪潮可谓方兴未艾。

▼ 未来海浪发电场

海流能

利用海流发电比陆上的河流优越得多，它既不受洪水的威胁，又不受枯水季节的影响，几乎常年不变的水量和一定的流量可全天工作，完全可以成为人类可靠的能源。

墨西哥湾海流示意图

海流，主要是指海水的水平运动，也包括垂直运动。海流现象是持续进行的，不易被一般人从海面上发现，但它确实是在海洋中存在着的一种海洋自然现象。

产生海流的原因很多。由于风对海面的摩擦力和风对波浪背面的压力而引起的海流叫"风海流"。由于各处海水密度不同而产生压力差，海水从压力高的地方流向压力低的地方所引起的海流叫"密度流"。由于某些海面暴风骤雨而造成海面升高，相对地说另一些海面较低，海水从海面高处流向低处引起的海流叫"坡度流"。某些海区因海流带走大量海水引起海面降低，邻近海水流过来补充引起的海流叫"补偿流"。

大量的海水从一个海域向另一个海域长距离的流动，就会产生大量的能量，将会使人类获得一种巨大的能源。

以北太平洋西部的"黑潮海流"为例，其平均流速为每秒1米，以宽度30千米、深度300米计算，其平均输出功率就有1000万千瓦，

海流能主要集中在大洋的西部世界，在那里有着强大的海流系统。例如，北太平洋西部的"黑潮海流"和"墨西哥湾流"等。

▼ 海流发电机利用海流的机械能进行发电

动力无限——新能源的崛起

海流能量是以动能形式表现的另一种海洋能，也是全球海洋能中最大的一种，它所蕴含的能量，有人估计达 50 亿千瓦之巨。

每年可发电900亿度。

目前，海流发电是依靠海流的冲击力使水轮机旋转，然后再变换成高速旋转去带动发电机发电。有一种浮在海面上的海流发电站看上去像花环，被称为"花环式海流发电站"。这种发电站是由一串螺旋桨组成的，它的两端固定在浮筒上，其中装有发电机。整个电站迎着海流的方向漂浮在海面上，就像献给客人的花环一样。这种发电站的发电能力通常是较小的，一般只能为灯塔和灯船提供电力，至多不过为潜水艇上的蓄电池充电而已。

驳船式海流发电站是由美国设计的，这种发电站实际上是一艘船，所以叫发电船更合适些。船舷两侧装着巨大的水轮，在海流推动下不断地转动，进而带动发电机发电。这种发电船的发电能力约为5万千瓦，发出的电力通过海底电缆送到岸上。当有狂风巨浪袭击时，它可以驶到附近港口避风，以保证发电设备的安全。

20世纪70年代末期，一种设计新颖的伞式海流发电站诞生了。这种电站也是建在船上的。它是将50个降落伞串在一根长154米的绳子上，用来集聚海流能量。绳子的两端相连，形成一个环形。然后，将绳子套在锚泊于海流中的船尾两个轮子上。置于海流中、串连起来的50个降落伞由强大的海流推动着。当处于逆流时，伞就像大风把伞吹胀撑开一样，顺着海流方向运动起来。于是，拴着降落伞的绳子又带动船上两个轮子旋转，连接着轮子的发电机也就跟着转动而发出电来。

今天，超导技术已得到了迅速发展，超导磁体已得到实际应用，利用人工形成强大的磁场已不再是梦想。因此，有的专家提出，只要用一个31000高斯的超导磁体放入"黑潮海流"中，海流在通过强磁场时造成切割磁力线，就会发出1500千瓦的电力。

▼海流发电机使用巨大的涡轮

来自地球内部的能量

地球深层储存着巨大的热能。它们来源于何处？对于这个问题，目前还处于探索阶段。不过，大多数学者认为，这是由于地球内部放射性物质自然衰变的结果。

大量的热能就沉睡在地下

地热资源是一种可再生的能源，只要不超过地热资源的开发强度，它是能够补充再生的。

人类居住的地球是太阳系的一个行星，它和太阳一样有放射性元素进行不断地热核反应，在放出射线的同时，也产生了巨大的热量。经过四五十亿年之后，地球表面逐渐冷却，形成了地壳。但地球内部的热能却被封闭住了，经过亿万年的积累，便形成了现在的地热能。

地球转动热是地热能的另一个来源。由于地球内部各个地方的物质密度不同，加上地球在自转时角度的变化，就会引起岩层的水平位移和挤压，这样产生的机械热，叫做地球的转动热。它的能量也是巨大的，甚至比放射性元素衰变所产生的能量还要大1倍。当然，地球的热量也有散失，但这种散失的热量与地球内部产生的热量相比是非常之少的。大量的热能沉睡在地下，形成了我们脚下庞大的"热能库"。

地球上的地热资源是非常丰富的。据估计，按照目前世界动力消耗的速度来计算，如果只消耗地下热能，那么即使使用4100万年后，地球的温度也只降低1℃！通常，在地壳最上部的十几千米范围内，

▼ 地热资源的分布与地质构造关系密切

动力无限——新能源的崛起

中国的地热资源是很丰富的，近年来，中国的地质普查和勘探结果表明，全国有19个省、市、区具有较好的地热资源，发现的地热点有3000多处，已进行勘查的地热点有50多个，已查明的地热贮藏量相当于31.6亿吨标准煤；推测贮量相当于116.6亿吨标准煤；远景贮量相当于1353.5亿吨标准煤。

地层的深层每增加30米，地热的温度便升高约1℃；在地下15~25千米，深度每增加100米，温度上升1.5℃；25千米以下的区域，深度每增加100米，温度只上升0.8℃；以后再深入到一定深度，温度就保持不变了。总体来说，在距地面25米~50千米的地球深处，温度为200~1000℃；若深度达到距地面6370米，即地心处时，温度可高达4500℃。地热的总量约等于地球表面能量全部储藏量的1.74亿倍，资源之丰富简直令人难以想象。

地热资源的分布与地质构造关系密切，世界上的高温地热带呈带状分布，均处于大陆板块的边缘地区，也与全球性的火山带、地震带相一致。目前，世界上已知的地热资源主要"藏"在以下四个地带。

环太平洋地热带。它是世界最大的太平洋板块与美洲板块、欧亚板块及印度板块的碰撞边界，包括美国、墨西哥、新西兰、菲律宾、中国东南部、日本等国的一些大型地热资源。

大西洋中脊地热带。它是大西洋板块的开裂部位，包括冰岛至亚速尔群岛的一些地热资源。

红海、亚丁湾、东非裂谷地热带。包括吉布提、埃塞俄比亚、肯尼亚等国的许多地热资源。

中亚地热带。它是欧亚交接和中亚细亚的地热带，包括俄罗斯、哈萨克斯坦、乌兹别克斯坦和中国新疆地区的地热资源。

◀ 地热资源是一种可再生的资源

地热能的五种"身份"

蒸汽型地热能

地热能在地下储存的状态存在巨大的差别。从储存形式来看，地热能以五种"身份"展现在人们面前。

地热能在地下储存的状态是不完全一样的。从储存形式来看，地热能以蒸汽型、热水型、地压型、干热岩和岩浆型五种"身份"展现在人们面前。蒸汽型的地热能，是以压力和温度均较高的蒸汽形式存于地下，间有少量其他气体。这种地热田虽然开发比较容易，可直接驱动机械作功和发电，技术上也成熟，但资源较少，占地热资源总量的0.5%，地区局限性较大。美国盖瑟尔地热田就是这种蒸汽型的。世界上的高温蒸汽型地热区为数不多，如日本岩手县松川地区的地热区，意大利的拉德雷诺地热区、美国加利福尼亚州盖塞尔斯地热区等。

热水型地热能，是以热水或水汽混合的湿蒸汽形式储于地下。阿拉斯加的"万烟谷"是世界闻名的地热集中地，在24平方千米的范围内，有数万个天然蒸汽和热水的喷孔，喷出的热水和蒸汽最低温度是97℃，最高温度是645℃，每秒钟可喷出2300万千克的热水和蒸汽，每年从地球内部带到地面的热能相当于600万吨煤。

　　热水型资源分布比较广泛，储量丰富，占地热资源总量的10%，估计比蒸汽型资源多20倍。高温热水

　　地热资源按温度不同一般分为高温区（150℃以上）、中温区（90～150℃）、低温区（90℃以下）三种。

▼ 热水型地热能

到目前为止，对于地热资源的利用主要是蒸汽型和热水型资源的开发。近年来，一些国家开始着手干热岩的开发研究和试验，开凿人造热泉就是干热岩的具体应用之一。而地压资源和岩浆资源的利用尚处于探索阶段。

型地热区数量较多，如中国西藏的羊八井地热区、新西兰的怀拉基地热区、墨西哥的塞罗普里特地热区、日本的大岳地热区和冰岛的克拉弗拉地热区等。中低温热水型地热区更多，主要是盆地型覆盖层厚的地热区，如中国的华北盆地、松辽盆地以及法国的巴黎盆地等。

地压型地热能，是以高压水的状态存在于地下2000～3000米深的沉积盆地中，周围由一种不透水的岩包封着。最大的矿床长1000多千米，宽几百千米。实际上它是一种地下高压热水库。含有高压机械能、高温热能和化学能（甲烷等）。地压型资源储量巨大，占地热资源总量的20%，溶解在地压水中可回收的甲烷也很可观，有其重要开采价值。

干热岩地热能，蕴藏在地下炽热岩石层中。这种炽热的岩层，不含水和蒸汽，普遍存在于地下。其储藏能量比上述几种资源大，占地热资源总量的30%。不过，开发这种能源技术难度较大，如干热岩的破碎和人工热水循环系统是很难解决的技术难题。

岩浆型地热能，储存在熔融或半熔融态的地下岩浆中。藏量非常大，占地热资源总量的40%，温度高达1500℃左右, 火山爆发时, 可以把这种岩浆带往地面。在多火山的地区, 这种资源埋藏的深度较浅, 但多数埋藏在地下10千米以下的深处。由于岩浆具有高温和高侵蚀环境的性能, 能量提取涉及多种学科, 目前尚缺乏足够的论证, 因而不是一个短时间内能够解决的问题。

▼ 岩浆型地热能

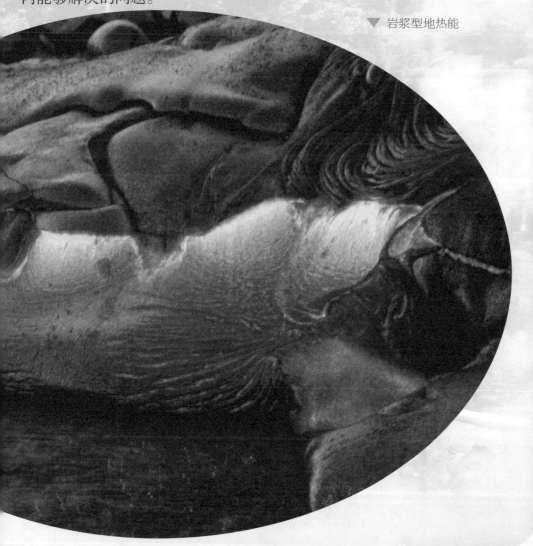

光芒四射的地热发电

地热发电是一种清洁又廉价的发电方式，在目前全球能源告急的情况下，各国大举向新能源进发，埋藏了亿万年的地热资源越来越受到重视。

地热发电是地热应用的最重要方式

地热发电是利用地下热水和蒸汽为动力源的一种新型发电技术，它涉及地质学、地球物理、地球化学、钻探技术、材料科学和发电工程等一系列现代科学技术，是一门新兴的能源工业。

地热发电是地热应用的最重要的方式，也是最有前途的方式。地热发电不受气候季节变化和昼夜更迭的影响，能保持稳定的发电能力。目前，已有80多个国家证实拥有地热资源，其中有60多个国家和地区已在开发利用。

说起地热发电，世界上第一个发电装置要算是1904年在意大利的拉德雷诺建成的那座小型地热电站。它是用地热蒸汽推动涡轮机发电的，功率很小，只点亮了5盏电灯。后来，意大利的地热发电竟发展到50多万千瓦。

地热发电的基本原理与普通火力发电相似，也是根据能量转换原理。首先把地热能转换为机械能，然后把机械能变为电能。现在广泛应用的地热发电系统主要有两大类，即"蒸汽型地热发电"和

▼ 位于美国加利福尼亚州的蒸汽型地热发电站

中国西藏羊八井地区，地热田最高温度为172℃，非常有利于地热发电。1977年，中国在羊八井建成一座热水型1000千瓦地热实验电站，1983年，又建成了总容量为6000千瓦的实验机组投入运行。"地热之光"已普照"世界屋脊"拉萨市区，为高原古城提供了生产和生活的巨大能源。

"热水型地热发电"。

所谓"蒸汽型地热发电"，就是把干蒸汽通过地热井直接引入汽轮发电机组发电。在引入发电机组之前，要先把蒸汽里所含的岩屑和水滴分离出去。这种发电方式比较简单，但干蒸汽地热资源的蕴藏量比较小，而且多存于较深的地层里，开采技术难度比较大。因此，这种地热发电还不多，多数是热水型地热发电。

所谓"热水型地热发电"，就是在从蒸汽井里抽出的水——气混合液中分离出蒸汽引入汽轮发电机组驱动发电，剩下的热水可通过"还原井"送回地下，人工向地热源补充给水，也可用于工业热源直接使用。这种地下热水钻井深度一般为300~1500米，温度为150~300℃。

另外，正在研究的地热发电还有干热岩地热发电和岩浆型地热发电。

1977年，美国在芬顿山建成5000千瓦和1万千瓦的干热岩发电装置。1978年，钻到3000米深，试验温度达200℃。1979年，又将破碎岩石延伸到4000米深，使热岩温度增加到250~275℃。干热岩地热发电的开发利用，技术难度大、投资多，这是发展缓慢的主要原因。其发电原理是：打钻地下深层的干热岩体并注入冷水，使原来渗透率不高的岩体遇冷裂开，水则在岩体裂缝中被加热；然后从另一钻孔将加热的水取出供发电用。

岩浆型地热发电的设想也是由美国最先提出的。1988年，美国已在夏威夷岛一个熔岩湖进行了现场实验。但这种发电技术离实用还很远。

▼ 地下热水钻井平台

地热资源的利用和前景

人类直接利用地热水的历史非常悠久，不管是古罗马还是中国，都有几千年利用温泉的历史。

素有"世界上最清洁无烟的城市"美誉的冰岛首都雷克雅未克市

早在东周时代（公元前770年至公元前256年）我们的祖先就开始了利用温泉洗浴治病和灌溉农田。时至今日，天然温泉和人工开采的地下热水仍是人们乐意利用的资源。

目前，对地热的利用主要包括两个方面：地热直接利用和地热发电。

据联合国在20世纪90年代初的不完全统计，世界地热水的直接利用远远超过地热发电，其开发总量折合电功率计算，约为365亿千瓦时，其中日本居首位，约87亿千瓦时，中国居第二位，约56亿千瓦时。但是，近年来中国地热水的直接利用总量已超过日本，达到1140万千瓦，相当于597万吨标准煤的能量。

现在地热水的直接用途非常广泛，主要有以下几个方面。

地热供暖是仅次于地热发电的地热能利用项目。素有"世界上最清洁无烟的城市"美誉的冰岛首都雷克雅未克市，每小时可从地下抽7740吨80℃的热水，供全市11万居民使用。该市不燃烧矿物燃料，没有高耸的烟囱，也没有鼓风机的隆隆之声，这个首都以空气清洁闻名于世。

▼ 冰岛拥有丰富的地热资源

地热水还可以行医治病。如中国黑龙江省"五大连池"的地热水对许多疾病都有神奇的疗效，为许多患者解除了痛苦，被誉为"圣水神泉"。

水产养殖方面，是说用低温地热水或地热电站排出的温水来提高养殖池的水温，可以保证常年生产高质量的蛋白食物。如美国正在对鲇鱼和龙虾等进行实验。北京利用地热水养殖的非洲鲫鱼，不但生产迅速，而且味道鲜美。

地热在务农方面也有多种应用。比如，利用适当温度的地热水灌溉农田，可使农作物早熟增产；利用地热建造地热温室，栽培花卉、育秧、种菜等，虽然室外千里冰封、万里雪飘，室内却鲜花盛开、蔬菜青翠，春意盎然。

有许多工业生产过程要用到大量的热水和蒸汽。天津市每年的耗煤量达1000多万吨，其中2/3消耗在工业锅炉上。而有些锅炉采用了平均40℃的地下热水后，每年可节约用煤20%。

据一些专家预测，21世纪的地热资源开发利用，将具有以下五个发展趋向：

一是新的高精度的地热能勘探技术将逐渐取代目前采用的勘探石油的方法和设备，在技术上将取得重大突破。

二是随着勘探技术的进步，对地热能开发资金投入的增多，查明的可供利用的地热资源总储量有可能大幅度增长。

三是在相关高技术，如新材料、激光、红外线、微电子、遥感、遥测以及核能、机械动力等高技术的支持下，将发展出地热能勘探高技术新钻井和探测仪器设备，以适应更高地温和更深钻井的要求。

四是由于科学技术的发展，处于正常深度地热区开采的生产成本，将会逐步降低，使之具有更大的经济可行性。

五是地热发电的装机容量将有较大幅度的增长，地热水的直接利用将达到新的水平，将地热发电、供热和工业应用结合起来，地热综合利用工厂的兴建，将会明显增多。

▲ 地热应用于农业生产

风的"力量"

风是发生在我们周围的自然现象之一。那么，风究竟是怎样形成的？它的能量有多大？

风能的应用主要是风力发电

风能的大小和风速有关。风速越大，风所具有的能量越大。通常，风速每秒8～10米的5级风，可使小树摇摆，水面起波，吹到物体表面的力，每平方米面积上可达98牛；风速

地面的空气不是静止的，它时刻都在运动。气象学上把空气的上下移动叫"对流"或"气流"；若是不规则的运动叫"紊流"；只有当空气沿地面作水平运动时才称"风"。这种风有一定的方向，例如东风、西风、南风、北风等。

空气在流动过程中产生的能量，就是风能。风能是地球上重要的能源之一，它具有巨大的"力量"，风使麦浪翻滚；风使林海低吟高唱；风使海洋

惊涛拍岸，卷起千堆雪；风使沙漠在不断地吞噬着人类的绿地……

太阳不断地辐射能量，而在到达地球的太阳辐射能中，约有$2×10^{13}$千瓦（相当于20%）被地球大气

▽ 风力发电机

每秒 20～24 米的 9 级风，可使平房屋顶和烟囱受到破坏，吹到物体表面的力，每平方米面积上可达 490 牛；风速每秒 50～60 米的台风，则吹到物体表面的力可高达 1960 牛。

从20世纪70年代起，中国就开始了微型（1千瓦以下）、小型（1～10千瓦）风力发电机的推广应用工作。近十几年来，微型风力发电机发展极快，在我国沿海和西北地区正在使用的有近20万台，解决了这些无电地区农、牧、渔民的生活用电。

层吸收。其中只有很小一部分被转化为风能，但其总量的绝对值却是很可观的。估计全球可以利用的风能相当于10800亿吨煤的储藏量，比地球可开发利用的水能总量要大10倍。目前，在全球生态环境恶化和常规能源告急的双重压力下，风能作为一种高效清洁的廉价新能源是需要发展的。同时，在现代高技术相互渗透发展的形势下，风能应用技术已得到重视并取得一些突破，正在成为新型能源的重要组成部分而崭露头角。

风能的应用主要是风力发电。19世纪末，人们开始研究风力发电。1891年，丹麦建造了世界上第一座试验性的风力发电站。到20世纪初，丹麦、美国等国家开始研制一些中、小型风力发电机，但因受科学技术发展的限制，进展缓慢。尽管在20世纪50年代前后，英国、美国、法国、丹麦以及苏联等国都开始研制大型风力机，并取得一些进展，可在20世纪60年代，由于石油价格下降，用石油发电比较简便、经济，致使风力发电又停滞下来了。直到20世纪70年代，第一次石油危机爆发，油价上涨以及使用矿物燃料给环境造成了严重的污染，促使风力发电又重归新能源舞台。特别是在美国、丹麦等国，出现了很多"风电场"，标志着风力发电得到了长足的进展，作为新兴能源的一部分受到了人们的关注。

▼ 位于丹麦近海的风电场

风力发电机类型

动力无限——

新能源的崛起

风力发电在漫长的发展过程中逐渐成熟起来，它经过了一条不平坦的技术发展之路。

戴瑞斯竖轴式风轮机

风电场的自动控制是技术高低的标志，除风力机自身单片机的控制外，要考虑整个风电场单元系统、通信系统、自动监控接口、监视记录等一系列问题。风电场的选址原则，一般要选在平均

自从1890年丹麦政府制订风力发电计划以来，整整经历了一个世纪，风力发电技术才逐渐成熟起来，这是一条不平坦的技术发展之路。

风电场是风力发电场的简称，它是将多台大型并网式的风力发电机安装在风能资源丰富的场地，按照地形和主风向排成阵列，组成机群向电网供电。在国外也叫"风力田"，意思是风力发电机群像种庄稼一样安装在地面上。

20世纪80年代初，首先在美国加利福尼亚州兴建这种风电场（Windfarm）。美国风电场的成功经验，很快影响到欧洲国家，紧接着在中国和印度等发展中国家也已兴起风电热潮。

风力发电的原理比较简单，就是利用风轮带动发电机发电。100多年来，世界各国研制的风力发电机类型很多，数不胜数，根据风轮机的布置形式可分为水平轴式和竖轴式两类。

风速每秒大于6米，而且风向稳定，灾难性天气少，离现有公路、电网较近的地方。

▼ 竖轴式风轮机需要辅助启动装置

目前，洛杉矶附近的特哈查比风电场是世界上最大的风电场，1994年装机容量50多万千瓦，年发电量为14亿千瓦时，约占世界总风力发电量的23%。

水平轴式风力发电机是目前技术最成熟、生产量最多的风力发电机。这种发电机比较简单，如10千瓦以下的风力发电机，特别是几百瓦的充电式微型风力发电机都是水平轴式风力发电机。发电机的主要部件有叶片、传动轴、齿轮变速箱、发电机、尾翼和塔架等。目前，大中型水平轴式风力发电机有两种：一种为上风向风力发电机，即由叶片组成的风轮在塔架前迎风，靠自动对风装置调整风力机对准风向；另一种为下风向风力发电机，它的风轮在塔架后面，风先经过塔架，再到风轮，这样就有塔影效应，影响风力机出力，但可省掉对风装置，各有利弊。不过目前大量生产的是上风向风力机。

早期的风力发电机多为水平轴式，后来则多采用竖轴式。因为它具有几个突出的优点：一是风轮机塔架结构简单；二是发电机传动机构、控制机构等装置在地面或低空，操作和维修方便；三是叶片容易制造，成本低；四是叶轮机运行时不受风向的影响，所以不需要迎风装置，大大简化了结构。

尤其是法国创制的戴瑞斯竖轴式风轮机最具特色。这种风轮机的叶片被弯曲成类似正弦曲线的形状，而叶片断面为机翼形，传动机构、发电机都装在竖轴的下部。世界上最大的戴瑞斯风力发电机是安装在加拿大马格达伦岛的200千瓦发电机组，它的风轮直径为24米，风轮高39米，机组全高46米。

竖轴式风轮机也有不足之处，如它不能自行启动，需要辅助的启动装置等，而且从经济上来看，目前水平轴螺旋桨式风轮机仍优于竖轴式风轮机。

▼ 位于美国洛杉矶附近的特哈查比风电场

风力提水与风力制热采暖

在今后的能源发展中，风能作为总体能源结构链中的一环，已经成为能源舞台上的一个重要角色。

风力机的叶片越多，越能捕捉低速风

风力提水是风能在农业上的重要应用项目。所谓"提水机"，就是把低处水提到高处去的风力机，它是在美国农场式风力提水机的基础上不断改进而来的。

现在最常见的提水机是多叶片低速风力提水机，转速不快，可配钢制螺旋杆泵或双程活塞泵，一般分低扬程大量和高扬程小量两类。有的国家用高速风力机配合离心式水泵，用以低扬程大量提水作业，还有的采用风—电提水的风能提水系统。

风力机的叶片越多，越能捕捉低速风。但是叶片一多，转速就慢，不过对于提水而言，启动风速低，有风就转，一转动便可提水，可真正做到细水长流，不会像发电那样，转速低了就发不出电。当然，现代风力提水机也有适合高风速的，可采用少叶片（3~4叶片）风力机，甚至也有用竖轴风力提水的。由于风力提水一般扬程不高，对于某些需高扬程提水的地方，可采用多台提水机联合作业，像接力比赛似地将水一级接一级地从低处提到高处。有些国家的提水总扬程达20~30米。风力提水机在中国具有广泛的用途：可用于"黄淮

中国是风力提水的古国之一，在这方面的技术潜力很大。我国风力提水机在20世纪60年代就开始研制，80年代有了较大发展。已先后研制出近20种，风轮直径一般长6~8米，额定功率1~3马力（1马力=0.735千瓦），设计额定风速为每秒8米。

荷兰风车其实也是对风能的利用

日本在北海道建立的"天鹅1"号风力取暖炉，采用直径10米的风轮为动力，以挤压液体发热的方式，可产生80℃的热水，供一家饭店洗浴和采暖。

海平原盐碱改造"工程，改良土壤；可用于水产养殖业，不仅可以提水，还可作为鱼池的增氧设备，节约人力；也可用于盐场提水；而在西北广大草原地区，可解决人畜饮水需要；当然作用更大的是可用于农田排灌。在我国的田野、草原、海滨等地减少了机械噪声和烟尘，多一点风车点缀，更显得景色幽美，更具有田园气息。

除了风力发电和风力提水之外，人类还尝试风力致热采暖。"风力致热"一般有三种方法：第一种是由风力机进行发电，再转换成热能；第二种是由风力机转换成空气压缩能，再转换成热能；第三种是风力机直接转换成热能。其中第三种致热效率最高，可达30%。风力机直接转换成热能有四种方法，即液体搅拌、液体挤压、涡电流和固体摩擦。

液体搅拌致热是利用风力机带动搅拌器的转子旋转，转子和定子上都装有叶片，当转子叶片搅拌液体时，液体产生涡流，并冲击定子叶片，从而产生热能。

液体挤压致热是当风力机带动油泵工作时，使油从很小的阻尼孔高速喷出，然后在尾管中使油分子冲击摩擦，将油分子的动能转换成热能，再经过热交换器输出热水。

涡电流致热是利用转子和定子之间的磁力线圈，在转子转动时，切割磁力线产生涡电流，从而使转子和定子外缘发电，把这些热量经工作介质传输出来转换成可利用的热能。

固体摩擦致热是利用离心力的原理，使风力机带动一套摩擦元件，在固体表面摩擦生热后加热液体（水）。这种致热器的缺点十分明显，主要是摩擦元件摩损大，需经常更换。

我们在这里只是介绍风能应用的主要领域，其实风能应用的潜力还有很大部分没开发出来。在今后的能源发展中，风能虽还不能成为主要能源，但可作为总体能源结构链中的一环，也是能源舞台上的一个重要角色。

▼ 风力机涡轮旋转产生的机械能还可以应用于其他领域

令人关注的绿色能源

从长远来看，生物质能这种绿色能源的开发和利用，必将成为能源利用中的重要课题，并且在新世纪的能源行列中扮演一个重要的角色。

植物通过光合作用将无机物转变成有机物

通过光合作用，植物把无机物（二氧化碳和水）转变成了有机物，这些有机物养育了绝大多数的生物：人、动物、真菌、细菌等。人和动物或直接或间接以光合作用的产物为食物。通过光合作用，植物将太阳光能转化成化学能，贮存到有机物之中。这部分能量，就成为我们生活中和生产中的燃料。

在常规能源面临危机，生态环境惨遭破坏的境况下，客观环境迫使全球能源结构必须进行战略性改变，作为新型能源舞台上的一员，生物质能必将登台亮相，在现代高科技群体的支撑下，扮演一个重要的角色。

生物质就是在有机物中（除矿物燃料以外），所有来源于植物、动物和微生物的可再生的物质。生物质是地球上最广泛存在的物质，也是迄今为止在宇宙行星表面生存的特有的一种生命现象。随着科学技术的发展，人们已经知道，各种生物质都具有一定的能量，由生物质产生的能量就叫生物质能。

生物学家估算，现在地球上每年生长的植物总量为1400亿~1800亿吨（干重），把它换算成燃料，大约相当于目前世界总能耗的10倍。如果全球凡能种植物的土地全都种上绿色植物的话，那么全球每年仅陆地生产的有机碳就可达161亿多吨，它们无愧于"绿色能源"这个美誉。

目前，利用现代技术，将生物质转化为能量的方法具体可分为以下三类：

一是直接燃烧。这是生物质能应用最广泛、最简单的转换技术。它可以直接获得能量，而燃料热值的多少首先是与有机质种类不同有直接关系，同时还与空气的供给量相关。有机物氧化越充分，产生的热量就越多。其实这种直接燃烧的生物质能转换效率很低，普通炉灶一般不超过20%，现在推

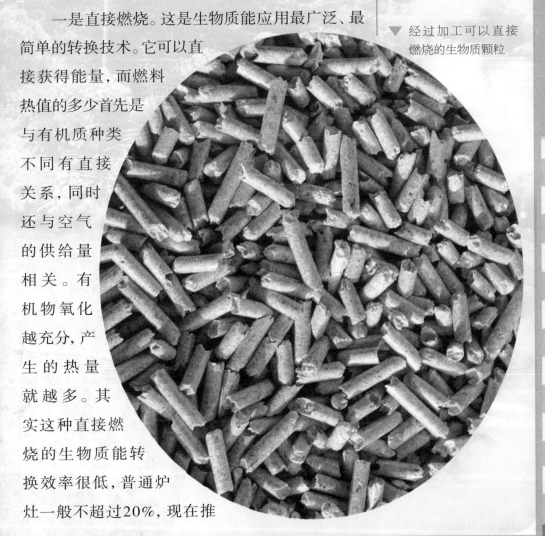

▼ 经过加工可以直接燃烧的生物质颗粒

动力无限——新能源的崛起

现在，地球上绿色植物的光合作用的效率还比较低，仅为1.5‰左右，与正常应该达到的有效率5‰还有很大差距，这说明利用植物产生物质能的潜力还很大。

广的节柴灶可以提高到30%以上。

二是化学转换技术。这是生物质能通过化学方法转换为燃料物质技术。目前有三种可行的方法，即气化法、热分解法、有机溶剂提取法。气化法，是将固体有机物燃料在高温下与气化剂作用产生气体燃料的方法，根据气化剂不同，可得到不同气体燃料；热分解法，是将有机质隔绝空气后加热分解，可得到固体和液体燃料的方法；有机溶剂提取法，即将植物干燥切碎，再用丙酮、苯等化学溶剂在通蒸汽的条件下进行分离提取。

三是生物转换技术。这是生物质能通过微生物发酵方法转换为液体或气体燃料技术。一般糖分、淀粉等都可经微生物发酵生产酒精。利用这些原料在28~30℃的恒温条件下发酵36~72小时，可以转换成含8%~12%乙醇（酒精）的发酵醪液，经蒸馏后就可获得纯度为96%的酒精。而用沼气发酵方法可以获取气体燃料。

　　另外，还有一些转换技术，但还处于开发实验阶段，尚未成熟。当前主要困难是转化效率低和生产成本高。但从长远来看，生物质能这种绿色能源的开发和利用，必将成为能源利用中的重要课题，必将在新世纪的能源行列中占有一席之地。

▼ 生物质能发电站

"绿色油田"——燃料酒精

动力无限——

新能源的崛起

从生物质中获取燃料，建造人类历史上的梦幻般的"绿色油田"，这该是一个多么宏伟的蓝图！

芬兰采用亚硫酸盐纸浆废液发酵生产酒精

酒精是乙醇的俗称，是由玉米、小麦、薯类、蜜糖等为原料，经液化糖化、发酵、蒸馏而制成。

"绿色油田"是人们对燃料酒精的赞誉之词，这是因为这种燃料来源于绿色植物。各种草类、木片、秸秆、粮食、甘蔗、水果以及其他许多含纤维素的原料，都可提取酒精（乙醇）。酒精作为燃料，对环境的污染比汽油、柴油小得多；生产成本与汽油差不多；用20％的酒精和汽油混合使用，汽车发动机不必改装，具有独特的优点。

其实，早在第二次世界大战之前，就已有"木材酒精"作为液体燃料供应汽车使用了。随着现代生物技术的发展，酶制剂工业不断扩展，许多发达国家普遍采用淀粉酶代替麸曲和液体曲，用酶法糖化液生产酒精,其发酵率高达93%,大大提高了出酒率。目前,国外发酵生产酒精的淀粉出酒率一般约为56.3%。

世界各国酒精工业的生产各具特色,因为应用哪种纤维素提取燃料酒清,要根据各国的资源情况而定。有的国家森林面积大,造纸工业发达,就采用亚硫酸盐纸浆废液发酵生产酒精,如瑞典、挪威、芬兰;有些国家,如巴西、古巴 等

▼ 古巴用甘蔗生产酒精

美国是世界第二大酒精生产国，年产酒精500万吨，其中80%为燃料酒精，仅次于巴西1100万吨的产量，占世界总产量的24%。

盛产甘蔗，则全都用甘蔗糖作原料。

瑞典非常重视"绿色油田"的开发和利用。他们计划种植15000平方千米速生树，人工制造一个巨大的"绿色油田"。这片森林主要种植白杨树、柳树，以这些树木为原料制造甲醇、酒精及燃油。预计1平方千米的树林每年可以生产15万立方米木材，这些木材可以产生的燃料相当于2万吨的原油。瑞典还计划种植大片"能源"森林，专供生物质能发电站用。

美国正在大力研究"森林短期轮作制"，用以提高树木的生长周期。他们还计划研究快速生长的杂交白杨来营造"能源林场"，想方设法提高"绿色油田"的利用率。自1979年以来，在美国已经建立起一个强大的由国产再生资源为原料的燃料酒精工业。该工业体系包括了法律体系、政府决策体系、工业生产体系、研发体系和公共认识体系几大部分，动员了社会各个部门的参与。

巴西是发展燃料酒精工业最快的国家之一，近些年来，巴西全国已普遍使用酒精或使用由60%的酒精和33%的甲醇、7%的汽油混合液体燃料作为汽车用燃料，并已取得很大成绩。现在，巴西仍在发展发酵工艺，从植物中获取酒精，生产水平稳步上升，1吨甘蔗已可生产出

65升纯度为96%的酒精。如果在1公顷土地上种植甘蔗，可提取相当于28吨石油的酒精。

　　中国政府于2001年就开始鼓励燃料酒精的研究和开发。国家发改委设立专项资金在国内黑龙江、吉林、河南等省建立四个基地进行示范，建设规模都在年产20万吨以上。随着汽油醇的推广应用，酒精的需求量将出现较大幅度的增长。新能源酒精发展前景看好。

▼ 巴西是发展燃料酒精工业最快的国家之一

能源舞台上的甲醇

尽管使用甲醇燃料也存在一些"有害性"问题，尽管现在人们对它的认识还有分歧，但从总体来看，利用甲醇作燃料能源是今后发展的趋势。

甲 醇

甲醇是无色、有酒精气味、易挥发的液体。有毒，误饮 5～10 毫升能致使双目失明，大量饮用会导致死亡。

甲醇也是用植物纤维素转化的绿色能源之一。甲醇可以用木质纤维素经蒸馏获得，所以俗称"木精"。它是一种可以燃烧而很少污染环境的液体燃料能源。甲醇易燃，其蒸气与空气混合后容易发生爆炸，甲醇完全燃烧生成二氧化碳和水蒸气，同时放出热量。甲醇可用做溶剂和燃料，也是一种化工原料，主要用于生产甲醛。甲醇在深加工后可作为一种新型清洁燃料。

用甲醇作汽车燃料已引起一些国家的重视。所谓甲醇汽油是指把甲醇部分添加在汽油里，用甲醇燃料助溶剂复配的M系列混合燃料。其中M15（在汽油里添加15％甲醇）清洁甲醇汽油为车用燃料，分别应用于各种汽油发动机，可以在不改变现行发动机结构的条件下，替代成品汽油使用，并可与成品油混用。甲醇混合燃料的热效率、动力性、启动性、经济性良好，具有降低排放、节省石油、安全方便等特点。世界各国根据不同国情，研发了M3、M5、M15、M20、M50、M85、M100等不同掺和比的甲醇汽油。目前，商用甲醇主要为M85（85％甲醇+15％汽油）和 M100，M100性能优于M85，具有更大的环境优越性。目前，美国政府已经批准，将100万辆汽车使用代用燃料作为减少空气污染计划的一个内容。福特、通用等汽车公司正在加紧研制生产使用甲醇燃料的汽车。按要求，纽约、华盛顿、洛杉矶和费城等一些大城市要在规定时间内将汽车全部改成使用甲醇燃料。20世纪90年代初，日本甲醇汽车公司生产的首批甲醇汽车也在东京正式投入运营。

　　甲醇在从实验室走向公路的同时，也将其独特的魅力展现在发电事业上。

　　甲醇怎样才能产生电能呢？通行的方法是：先将甲醇加热使其气

▼ 甲醇可以用木质纤维素蒸馏获得

20世纪80年代末，日本提出一项"利用甲醇作为发电燃料"的研究课题，并很快兴建了一座1000千瓦级的甲醇发电实验站，于1990年6月开始发电。

化，气化的甲醇与水蒸气发生反应产生氢气，然后以氢为燃料，在燃烧室中燃烧生成燃气，用以驱动燃气轮机带动发电机组发电。

采用甲醇发电，日本政府对此好像情有独钟。他们下一步的试验机组容量是1万千瓦级，燃气进口采用1150℃的高温，发电效率可达41.6%。按照理论计算，如把进口燃气温度提高到1300℃时，其效率将可达到45%。日本正在研究全系统的性能、可靠性和实用性中的技术难关问题。

甲醇发电的优越性很大。例如，甲醇发电的成本目前约为石油或天然气发电成本的1.5倍，但随着大面积种植高光效植物和甲醇收成成本的降低，将会使发电成本逐步降下来；"植物甲醇"可以大面积种植再生，而不会面临枯竭的威胁；甲醇在常温下是液态，贮存和运输都比较方便；甲醇的低污染特性是化石燃料所不及的。因此，在21世纪，甲醇很有可能成为常规矿物燃料的替代能源而用于发电。

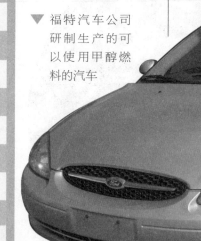

▼ 福特汽车公司研制生产的可以使用甲醇燃料的汽车

第三篇
独出心裁
——鲜为人知的发电方式

发电技术的革命

随着能源危机的到来，在当今世界能源向多极化迅速发展的大趋势下，积极开发全新的电能形式，探索多种新型发电方式，已是摆在能源科学家面前的一项重大课题和历史使命。

太阳能发电属于热能发电

电能作为世界能源结构中的二次能源，是当今人类社会赖以生存和发展的支柱性能源。时至今日，电能已渗透到人类生产和生活的各个领域。电能在能源领域中占据着举足轻重的战略地位。

目前，电能的形式可以说是数不胜数，有火电、水电、风电、海洋能电、核电、生物质能电……它们共同构成了庞大而重要的"电能家族"。这个家族现在控制着世界使用能源的三分之一，而且在今后的十多年内，还会继续大幅度增长，这个家族在世界能源结构中的重要地位可见一斑。

为什么称电能为"二次能源"呢？这是因为电能

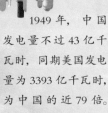

的生产实际上是对各种一次能源的加工和利用，也就是说要生产电能，必须消耗其他能源。火力发电厂就是把煤、石油等化学能转变成电能的工厂；核电站就是把原子核能转换成电能的工厂。发电机则是把机械能转变成电能的机器。

现在生产电能的方法主要是间接发电，可分为热能发电和动力发电。

1949年，中国发电量不过43亿千瓦时，同期美国发电量为3393亿千瓦时，为中国的近79倍。2010年，美国发电量为41000亿千瓦时，而中国为41413亿千瓦时，已超过了美国。

▲ 风能发电属于动力发电

动力无限——新能源的崛起

二元化发电技术的过程是，首先，把金属钾在锅炉中由液态变成气体，再把气体输送到特殊的汽轮机，之后再进入常规火电站复水器的热交换机，完成"一元回路"。此后，热交换机把钾气体又变回液态，实现二次回路，最终推动发电机发电。

热能发电——火力、原子能、地热能、太阳热能、海洋温差能等，其发电过程为：化石或核燃料、热能发生器、热能收集器、热能、汽轮机、动能、发电机、电能、太阳热能、热水、蒸汽。

动力发电——水力、风力、波力、潮汐力等，其发电过程为：风力、水力、波力、潮汐、动力转换机、动能、发电机、电能。

经过这些年的不断研究，科学家已寻找到了许多能量转换方式的优选途径，突破了化学能——热能——机械能——电能"四步联运"的经典方式，促使发电技术实现了深刻而巨大的革命，譬如高效新颖的磁体发电技术、别开生面的铁电体爆电换能发电技术、鲜为人知的余水发电技术、与众不同的二元化发电技术、独出心裁的电气体发电技术等正在蓬勃兴起。它们或正处于实验室研究阶段，或已投入实际应用。

2009年，麻省理工学院科学家发现一种新发电方式，利用碳纳米管产生出大电流，可为超小型设备提供电能，而且纳米管产生的电能是同等重量锂离子电池电能的100倍。参与研究的科学家称这项研究翻开了能量研究领域的全新一页。首先在导电和导热的碳纳米管表面覆盖了一层燃料，然后在纳米管的一端，利用激光束或者高压火花点燃燃料，碳纳米管可以产生很大的电流。

也许，这将预示着一个更加光明的世界。

▼ 利用碳纳米管产生电流

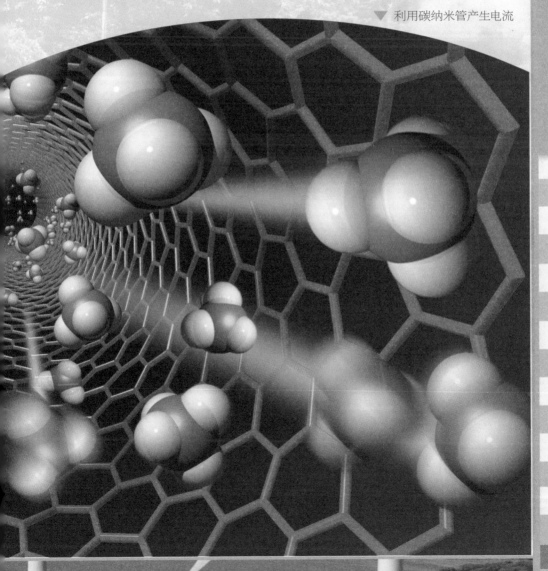

磁流体发电

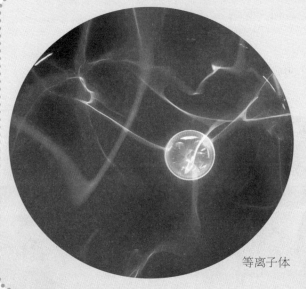

等离子体

磁流体发电并不是开辟新能源，而是一种新的能源转换方式。随着它在技术上的日趋成熟和超导技术的发展，在 21 世纪，磁流体发电将广泛应用在矿物燃料发电站中。

能源危机和环境污染是当今世界各国人民非常关心的两件大事。目前，大部分国家的电力生产以利用矿物燃料的火力发电为主（约占整个电力生产的80%）。但是，用这种方式发电，效率很低（只有30%~40%），大量的热能被白白浪费掉，并且还带来严重的硫污染和热污染。磁

当我们把燃料的能量转换成高温、高速的等离子体气流的力量，并让这种气流代替发电机的转子，以每秒1000~2000米的超高速通过很强的磁场时，会发生什么情况呢？

科学家发现，由于这种切割磁力线运动，产生了电能。这种利用电磁感应原理直接发电的方法叫做磁流体发电。

磁流体发电的关键在于应用了等离子体。那么，什么是等离子体呢？等离子体是一种温度高达几千摄氏度、处于电离状态的特殊气体物质。在等离子体中，存在着带正电的阳离子和带负电的阴离

子，而且正负电荷的数量相等，所以叫等离子体。

　　磁流体发电省去了由热能变成机械能的过程，是一种"直接发电"的方式。它不需要蒸汽、冷却水、旋转机械，也就不存在这部分的能耗。因此其发电效率比普通火力发电可提高20%～25%。一座50万千瓦的中型火力发电厂每年至少要烧掉150万吨煤，如果采用磁流体发电用90万吨煤就足够了，可节约40%，这是一笔很可观的财富。

流体发电作为一种新型的发电方式，它与现有的蒸汽发电联合起来，有可能使电站效率提高到50%以上。

▼ 多个国家正在研究开发磁流体发电技术

中国于20世纪60年代初期开始研究磁流体发电，先后在北京、上海、江苏等地建立实验基地。根据我国煤炭资源丰富的特点，我国重点研究燃煤磁流体发电，并且已经取得很大的进展。

磁流体发电还有一个特点，就是可以利用各种燃烧气体。它可以利用在资源上比石油更加丰富的天然气和煤炭的燃烧气体，而在排出的尾气中氮氧化合物和硫化物等有害化合物却比火力发电少。作为利用煤炭的发电系统来说，将来是很有希望的。

但是，磁流体发电也有难题需要解决。首先要找到耐高温的材料。磁流体发电的发电管道部分要通过2000℃以上的高温气体；如果要工业化，还需要有几千小时使用寿命的耐高温材料，但目前尚未找到能够长期耐如此高温的材料。为了提高发电效率，电磁铁部分还需要使用耗电少的超导电磁铁。究竟能否制造出大型、稳定又起作用的超导电磁铁呢？这是磁流体发电进入实用化阶段之前，亟待解决的问题。

自从1959年美国阿英柯公司试验燃煤磁流体发电技术成功后，世界上磁流体发电的研究进展很快，以美国、日本、苏联为代表。目前已有17个国家在从事这项发电技术的研究开发工作，大部分进入工业性实验电站的研究阶段。

作为一种高技术，磁流体发电推动着工程电磁流体力学这门新兴学科和高温燃烧、氧化剂预热、高温材料、超导磁体、大功率变流技术、高温诊断和降低工业动力装置有害排放物的先进方法等一系列新技术的发展。这些科学成果和技术成就可以得到其他方面的应用，并有着美好的发展前景。

▼ 磁流体发电技术将显著提高传统火力发电的效率

爆炸式发电

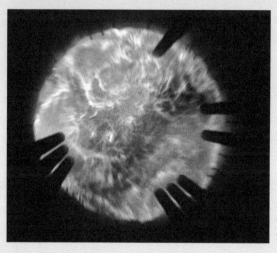

高科技的力量是伟大的，科学家们经过潜心研究，已经能使爆炸的能量转换成电能，这就是新型的"爆炸式发电"技术。

"爆炸式发电"技术，就是利用电流在金属筒内的"崩溃"爆炸产生的动能来发电

和"爆炸式发电"相似的还有铁电体爆电换能发电。它是利用铁电体材料的特性，把炸药爆炸的化学能转换成电能。目前使用的铁电体是锆钛酸铅陶瓷。铁电体爆电换能发电的最大特点是功率高，而电源装置重量轻，这种发电方式，在材料制作工艺和装置工程设计方面，目前都已达到实用化水平。

所谓"爆炸式发电"技术，就是利用电流在金属筒内的"崩溃"爆炸产生的动能来发电。目前，国际上研制中的爆作式发电装置有两种类型：一种叫"电磁流体动力发电机"；另一种叫"聚磁式发电机"。

电磁流体动力发电机是利用爆炸力使等离子体在磁场中高速运动获得电能。它的具体操作是将高能炸药在专用的爆炸室中爆轰生成高温、高压、高速等离子体，该等离子体在装有电极的通道中流动，快速切割通道中的磁场，由法拉第电磁感应定律，在电极间感生出脉冲电压，接在电极上的

负载可获得高功率电脉冲的装置。爆炸磁流体发电机由爆炸等离子体发生器、成型炸药、强磁场和发电通道组成，其特点是功率密度高、装置可重复使用、机组启动快、可直接向负载传递能量、无转动部件、易于维护。用高能炸药激励爆炸磁流体发电机是一种非常有前途的大功率脉冲电源。这种发电机一般体积比较小，虽然产生的能量也较小，但它能够高频率地反复连续爆发，从而使电流源源不断地产生。

苏联著名科学家萨哈罗夫

聚磁式发电机一般由一个特种金属筒和联接电负载的同轴感应线圈组成。引爆前，先由特殊电容器向聚磁式发电机系统充电，当电流在回路中达到"顶峰"时，就像汽车发动机火花塞那样，依靠

聚磁式发电机威力极大，但爆炸过程只是一次性"发射"。因此，如何保证连续爆炸，是进入实用化阶段之前急需解决的问题。

超过一定数值的高压电离空气在金属筒内发生强烈爆炸。爆炸时产生的能量使金属筒或感应线圈之间产生高浓缩磁场，这样，动能就被转换为电磁能，从而可以发电。

早在1966年，苏联著名科学家萨哈罗夫院士就设计、实验了聚磁式发电机，得出试验结果，成为"爆炸式发电"的真正开创者，并因此获得了诺贝尔奖。此后，美国和苏联开始争先恐后地展开了爆炸式发电的研究、开发工作。

　　1972年，日本也加入了对这一高技术的基础研究行列。他们在研究中发现，这种发电装置特别适用于特殊装置上。同时，日本正着手研制一种依靠爆炸式发电机提供能源的"电磁加速系统"。据说这个系统会产生比370万个大气压的地心压力还要大几倍的巨大推力。20世纪90年代以来，日本的研究工作已在几个关键技术上有了新的突破。

　　据专家预测，这项高技术不久将会转变为又一种新型发电技术，使人们不再惧怕而是喜爱"爆炸"的巨大能量。

▼ 锆钛酸铅的显微结构

余压发电与余水发电

在炼铁时，余下的煤气都从减压阀被白白地放掉了。那么，怎么才能回收和利用这些剩余的能源呢？

炼铁高炉

水泥、化工、冶金、煤矿、造纸，热电等工矿业，在生产过程中会产生大量废弃余热、余压。余热、余压再利用工程在回收大量对空排放造成环境热污染的废气余热、余压的同时，整个热力系统中不燃烧任何一次能源，不会对环境造成任何污染，这对于有效节约

在炼铁时，要往高炉中投入铁矿石、焦炭、石灰石，然后用鼓风机吹进大量热风，热风中的氧气接触焦炭后，就会立即燃烧，产生大量煤气。大部分煤气和铁矿石发生化学反应，还原出铁。余下的煤气呢，就好像烧好了饭菜的高压锅一样，从减压阀白白地放掉了。

从节约能源的角度讲，这实在是太可惜了。目前采用的高炉鼓风机出口压力的提高，使积聚在高炉顶的煤气压力也随之增加，如果想办法利用这部分压力来驱动涡轮机，就可以发出相当可观的电能来。近年来，经过科学家的认真研究，利用高炉煤气余压发

电的新技术，终于被成功地开发出来了。

这种以回收余压作能源的方法一举两得，前景十分诱人。有人做过计算，假如从炉顶进入涡轮机的进气压力是每平方厘米20牛，出气压力是每平方厘米1牛的话，则利用这部分煤气的压力所发出的电，可以相当于高炉鼓风机输入功率的三分之一。

1969年，苏联首先实验成功了这种煤气余压发电，紧接着法国也获得了成功。

随后，日本在这方面后来者居上，吸收了苏联和法国的优点，研制了一种"湿式轴流"的新方法，使回收效率高达90%以上。日本的川崎钢铁公司在21座高炉上安装了这种煤气余压发电设备，每月发电量可达1.2亿度。据估计，如果一座钢铁厂的高炉全部装上这种发电装置，可以提供全厂 5% 的用电量，这对有"耗电大户"之称的钢铁厂来说太重要了。

高炉煤气余压发电不需要消耗一点煤气，不需要另外提供任何能源，只是利用高炉煤气积蓄的压力能，同时经过涡轮机发电后的煤气中的水分和粉尘都有所减少，因而改善了送给用户

能源、减少粉尘和二氧化碳的排放量、降低温室效应、保护生态环境起着积极的作用。

▼工矿业会产生大量的余热、余压

根据计算,煤气余压发电的设备投资,只需1~2年就可以全部收回成本。因此,煤气余压发电是一项有潜力、有前途的节能、用能新技术。

作燃料的煤气的质量。如此一举两得的好事,我们何乐而不为呢?

　　除了余压发电之外,人类也开始尝试用余水发电。所谓余水发电,就是在已按原定设计建成的水电站大坝上再开孔钻洞,利用多余的水资源发电。日本这一新招为充分利用水力资源、开发水力发电又开辟了一条新路。

　　日本静冈县天龙川水电站,其水资源已被装机容量为3.5万千瓦和4.5万千瓦的两座水电站分别使用。经精确计算,认为尚有余量可以利用。为进一步开发电力,日本决定在此再建一座新的电站。

　　原来的天龙川中游叶水坝高为89米,专家确定在67米高处,挖一个直径6.5米、长21米的圆洞,从这个新洞泻下的水最大流量每秒可达116立方米,利用这股强大的水流驱动设在20米高处的水轮发电机组,从而建成了装机容量为4.7万千瓦的第三座水电站,也是世界第一座现代化的余水发电站。

▼ 余水发电是在水电站大坝利用多余的水资源发电

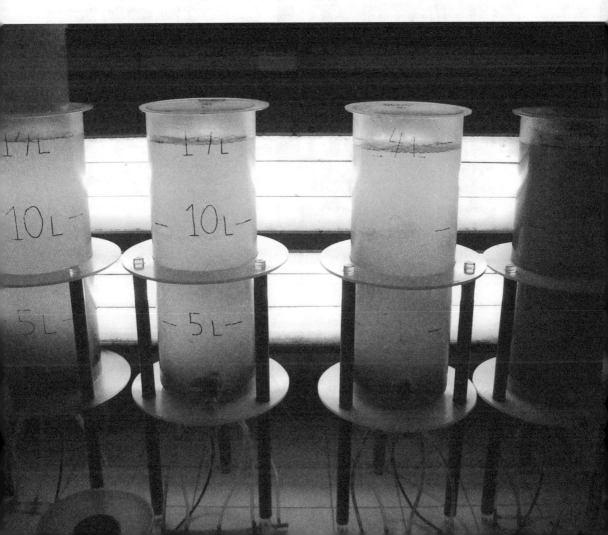

第四篇
开源节流
——21世纪的能源变革

正确应对能源危机

世界经济快速增长，人类也付出了巨大的资源和环境被破坏的代价，经济发展与资源环境被破坏的矛盾日趋尖锐，因此，只有坚持节约传统能源、发展新能源，才能实现人类社会的长远发展。

能源是人类社会赖以生存和发展的重要物质基础

能源是人类社会赖以生存和发展的重要物质基础。纵观人类社会发展的历史，人类文明的每一次重大进步都伴随着能源的改进和更替。能源的开发利用极大地推进了世界经济和人类社会的发展。

过去一百多年里，发达国家先后完成了工业化，消耗了地球上大量的自然资源，特别是能源资源。当前，一些发展中国家正在步入工业化阶段，能源消费增加是经济社会发展的客观必然。

据介绍，中国人均能源可采储量远低于世界平均水平，人均石油开采储量只有2.6吨，人均天然气可采储量1074立方米，人均煤炭可采储量90吨，分别为世界平均值的11.1％、4.3％和55.4％。

1980年以来，中国的能源总消耗量每年增长约5％，是世界平均增长率的近3倍。

靠循环再利用的方法来进行材料的循环使用，可以减少生产新原料的数量，从而降低二氧化碳排放量。例如，纸和卡纸板等有机材料的循环再利用，可以避免从垃圾填埋地释放出来的沼气（一种能引起温室效应的气体，大部分是甲烷）。

◀ 可供家庭使用的小型风力涡轮发电机

动力无限——新能源的崛起

据统计,回收 1 吨废纸能生产 800 千克的再生纸,可以少砍 17 棵大树,节约一半以上的造纸原料,减少水污染。

中国的能源储量与未来几十年的发展需求之间已经存在一个巨大的缺口,而且这个缺口将越来越大。

中国煤炭资源虽然比较丰富,但探明程度很低。目前可供建设新矿的尚未利用的经济精查储量远远满足不了煤矿建设的需要。另外,尚未利用的经济精查储量中86%分布在干旱缺水、远离消费中心的中、西部地区,开发、运输和利用的难度势必很大。

有专家认为,解决能源危机的关键是合理节约资源以及开发新能源,这样既有利于环保,又有利于解决能源危机,造福子孙。《中华人民共和国节约能源法》指出:"节约资源是我国的基本国策。国家实施节约与开发并举、把节约放在首位的能源发展战略。"

用各种可再生能源的技术,能大大地减少我们在使用能源过程中产生的二氧化碳。太阳能可以加热水和发电。在一些欧洲国家越来越多地采用生物质采暖系统,还有一些新式的小型风力涡轮发电机已经可以供家庭使用。比起用原始材料制造的产品,用再循环材料制造的产品,一般消耗较少的能源。例如:使用回收钢铁生产所消耗的能源比使用新的钢铁少75%。除了开发"再生能源"之外,近年来,有越来越多的研究人员把寻找新能源的目光落在了我们身边的垃圾和淤泥等废料上。垃圾分类可以回收宝贵的资源，同时减少填埋和焚烧垃圾所消耗的能源。例如，废纸被直接送到造纸厂，用以生产再生纸；饮料瓶、罐子和塑料等也可以送到相关的工厂，成为再生资源；家用电器可以送到专门的厂家，进行分解回收。家里可以准备不同的垃圾袋，分别收集废纸、塑料、包装盒、厨余垃圾等。每天进行垃圾分类和回收，不仅是我们应尽的责任，也有利于培养孩子爱护环境的习惯和自觉性。另外，利用垃圾发电，既节约资源又保护了环境，是一条很值得提倡的新思路。

▲ 再生纸

"第五能源"——节能

动力无限——新能源的崛起

开源节流，中国古代这句极富深刻辩证哲理的名言，用到解决能源问题上，可以说是恰到好处。

节约能源就是拯救地球

一些简单易行的改变，就可以减少能源的消耗。例如，离家较近的上班族可以骑自行车上下班而不是开车；短途旅行选择火车而不搭乘飞机；在不需要继续充电时，随手从插座上拔掉充电器；如果一个小时

20世纪70年代初期，第一次世界性的能源危机爆发了，它极大地震撼了全球。能源危机使人类第一次感受到能源短缺对各国经济发展的巨大威胁，厉行节约，减少消耗已迫在眉睫。

于是，节能就提上了议事日程，它是与开发和利用新能源并举，共同解决能源危机的根本途径。因为它可能比通常任何一种新能源都更有效地"增加"能源，因此人们自觉不自觉地把节能誉为"第五能源"。

　　所谓节能，就是提高能源效率，即提高有效利用能量与能量总体内含的能量之比。当今世界，这已成为衡量一个国家能源利用好坏的一项综合性指标，也是一个国家科学技术实用水平高低的重要标志，同时又是解决一个国家能源问题的可靠途径。节能的主要目标是提高设备的能量利用率，减少余热排放量。

　　据估计，随着节能技术的发展，美国在不使公众生活水平下降的情况下，可以节省目前所消耗能源的50%。能源节约对我国实现未来经济和能源发展目标，将起到举足轻重的作用。经过科学的预算分析，我国每万元国内生产总值

之内不使用电脑，顺手关上主机和显示器；购买洗衣机、电视机或其他电器时，选择可靠的低耗节能产品；电视、电脑不用时及时切断电源，既节约用电又防止插座短路引发火灾的隐患；不用时关掉饮水机的电源。保持冰箱处于无霜状态。

▶ 节能灯

动力无限——新能源的崛起

使用高效节能灯泡具有明显的节能效果。不过，节能灯最好不要短时间内开关，节能灯在开关时是最耗电的。

能耗，将由1995年2.33吨标准煤，降低到2030年的0.54 吨标准煤和2050年的0.25吨标准煤。可以说，节能在很大程度上是实现经济发展战略目标的真正出路。

随着高新技术装备的不断涌现，世界产业结构的调整，工艺流程的不断改进，"高能耗"产业结构必须逐步全面向"节能型"、"高增殖型"和

"智能型"产业结构转变。耗能少的高技术产业应成为骨干产业，使能源消费模式更趋向科学合理；积极有效地开展节能工作；普遍采取开发与节约并重的方针，这已成为全世界在能源方面的大趋向。

如今，各国专家已研制开发了许多节能技术，具有代表性的有：降低生产过程的能耗，回收生产过程各阶段所释放的热能；使用高新技术装备改进能源消耗方式；采用能效高的新生产程序，尽可能使用耗能低的材料和产品；开发多种高效实用的新型能源转变形式，以适应高新技术发展的需求等。令人高兴的是，这些节能技术都已在各自领域内发挥着重要的作用，收到了很好的社会效益和经济效益。

◀ 家庭电器在不使用期间请切断电源

147

正在开发的人造能源

秸秆也是生产人造能源的原料之一

人类正在发明一种使用简便、清洁卫生的人造能源，原料是五花八门的各种生产废料。这种再利用方便之至，是人类能源又一大好选择。

易燃煤饼实际上是一种用化学合成方法生产的人造能源。这种人造能源是继初级能源、第二能源之后出现的第三能源。

20世纪80年代末期，中国研制的易燃煤饼跨洋过海，远销美国、加拿大、墨西哥等一些国家。因为这种煤饼用一根火柴即可点燃，而且无烟、无味、燃烧时间长、热量大，所以受到了用户的一致好评。工业下脚料，如锯末、砻糠、酒渣和农作物收获后剩下的秸秆、稻草等，都是生产人造能源的好原料，而且来源很广。将它们炭化或粉碎后，加入少量的六亚甲基四胺，就可制成块状、球状或蜂窝状的秸秆固体燃料。它燃烧时放出的热量与煤相当。但它使用方便，用火柴就可点燃，而且燃烧时无烟、无味，燃烧后留下的残渣也很少。

还有一种用化学合成方法制成的人造能源——六甲四固体燃料。它的主要原料是六亚甲基四胺和液氨，一般压成块状使用。它是一种清洁而又效能较高的燃料。

六甲四固体燃料在燃烧时所产生的热值（燃烧值），比一般煤炭高出一倍，而且燃烧时不产生烟灰，不放出有毒气体，不污染环境。然而，它最使人感兴趣的是耗用量小。例如，一个三口之家，每天三顿饭只需要200克的六甲四固体燃料。一个月使用的燃料，相当于几包盒装饼干那

▼ 人造石油的研究与开发将为人类解决能源问题带来光明前景

DONGLIWUXIAN —— XINNENGYUAN DE JUEQI

动力无限——
新能源的崛起

近些年来，由于煤、石油等常规能源的供应日趋紧张，推动了人造能源的迅速发展。现在，它已成为能源大家庭中的一位新成员。

样大，搬运、使用非常方便。

21世纪以来，科学家正在进行"人造石油"项目的研究。日本宝酒造公司与京都大学、大阪大学的联合科研小组曾发表消息说，他们在对合成石油的细菌的基因组研究中，成功地确认了2194个与石油合成有关的遗传因子，该小组今后将对这些遗传因子逐个进行鉴定，努力开发"人造石油"的技术。

宝酒造公司下属的巨龙公司利用京都大学今中忠行教授发现的石油合成菌，进行了遗传因子数量的界定工作。在石油合成菌的5451个遗传因子中，发现共有2194个遗传因子与石油合成有关。石油合成菌是在油田附近被发现的，其具有把二氧化碳和氢合成为石油主成分碳氢化合物的功能。如果能把这些与石油合成有关的遗传因子搞清楚，利用转基因技术将其植入其他的细菌体内，就能开发出高效石油合成技术。

当然，从基因组信息来进一步破译与石油合成有关的遗传因子的功能，仍是一项十分复杂的工作。但宝酒造公司的这一科研成果，打开了"人造石油"研究与开发之门，为人类解决能源问题带来了光明的前景。

同样，把粪便变成煤，将也不再是"异想天开"，一项新技术将完成这一"奇妙"的转变。根据相关报道，用粪便、污泥为原料的"人造煤"技术已获得上海市科学技术委员会立项支持，该研究项目已进入中试阶段，预计不久的将来这种人造煤就有望在上海进行规模生产。

▼ 常规能源的供应日趋紧张

广泛使用的人工气体燃料——沼气

沼气是一种可以不断再生、就地生产消费、干净卫生，使用方便的能源，在广大农村地区大有发展前途。

沼气池

人工制取沼气的关键是创造一个适合于沼气细菌进行正常生命活动所需要的基本条件。因此，沼气的发酵必须是在专门的沼气池中进行。为了生产更多的沼气，就必须对发酵进行有效的控制，如严格密闭沼气池、选用合适的原料、经常搅拌发酵池中的发酵液等。

沼气的主要成分是甲烷。通常，沼气中含有60%~70%的甲烷，30%~35%的二氧化碳以及少量的氢气、氮气、硫化氢、一氧化碳、水蒸气和少量高级的碳氢化合物。沼气的热值是比较高的，其平均值高达每立方米23027.4千焦（5500千卡）。因此，沼气是一种优质的人工气体燃料。

沼气可以用人工制取。其方法为将有机物质，如人畜粪便、动植物遗体等投入到沼气发酵池中，经过多种微生物（称为沼气细菌）的作用即可得到沼气。这个复杂的发酵过程可分为三个阶段，即水解液化、产酸、产甲烷。

水解液化阶段是发酵的第一阶段。这一阶段

沼气池中的主要菌种（按作用分为纤维菌、脂肪分解菌、果胶分解菌等）都要参加，其任务是将复杂的有机物分解成较小分子的化合物，它们各自使用自己的独特"攻击武器"——胞外酶，专攻击自己的猎物，使之转化为可溶于水的物质。

▲沼气灯

产酸阶段是发酵的第二阶段。参加这一阶段的包括细菌、真菌和原生动物，其"主力军"是产酸菌（按微生物代谢产物不同，可分为产酸细菌、产氢细菌、产甲烷细菌等）。它们的任务是使第一阶段的可溶于水的物质进一步转化为小分子化合物，同时产生二氧化碳和氢气。其"生力军"是产氢菌，它们的任务是使那些不能为产甲烷菌所利用的中间产物进一步转化为乙酸、氢、二氧化碳等物质，以作为产甲烷菌用以生成甲烷的"军需品"。

第一阶段和第二阶段是连续进行的，统称为不产甲烷阶段，实际上是一个甲烷原料的加工阶段。

产甲烷阶段是发酵的第三阶段。这一阶段的"主力军"就是产甲烷菌了。产甲烷菌是一类极其古老而又极其特殊的细菌，它们是沼气发酵过程中中国广大农村有着丰富的沼气资源。据计算，如果将全国农作物秸秆和人畜粪便的50%利用起来，就可年产沼气650亿立方米。仅就它所产生的热能而言，就相当于1亿多吨的煤炭。可见，沼气在我国未来农村能源建设中具有极其重要的地位。

微生物食物链中最后一批战斗员了。按它们的形态分为球菌、杆菌、八叠球菌和螺旋菌。它们分别把"不产甲烷阶段"的战利品——氢、二氧化碳、乙酸、甲酸盐、乙醇等，都统统生成甲烷和二氧化碳。甲烷菌的攻击目标虽不相同，但最终结果却都能改造成甲烷。

在中国广大农村，沼气是一种比较理想的家庭燃料。它可用来煮饭、照明，也可代替汽油、柴油用作农村机械的动力能源，如开动汽车和拖拉机、碾米、磨面、抽水、发电等，既方便又干净。

沼气在工业生产上可作为化工原料使用，制造氢气和碳黑，并能进一步制造乙炔、合成汽油、酒精、塑料、人造纤维等各种化工用品。总之，沼气的用途越来越广泛。

◀ 沼气灶